Benefícios dos sumos brutos das folhas e das cascas de romã

Radwan Farag
Mohamed S. Abdel-Latif
Layla S. Tawfeek

Benefícios dos sumos brutos das folhas e das cascas de romã

ScienciaScripts

Imprint

Any brand names and product names mentioned in this book are subject to trademark, brand or patent protection and are trademarks or registered trademarks of their respective holders. The use of brand names, product names, common names, trade names, product descriptions etc. even without a particular marking in this work is in no way to be construed to mean that such names may be regarded as unrestricted in respect of trademark and brand protection legislation and could thus be used by anyone.

Cover image: www.ingimage.com

This book is a translation from the original published under ISBN 978-3-659-85901-4.

Publisher:
Sciencia Scripts
is a trademark of
Dodo Books Indian Ocean Ltd. and OmniScriptum S.R.L publishing group

120 High Road, East Finchley, London, N2 9ED, United Kingdom
Str. Armeneasca 28/1, office 1, Chisinau MD-2012, Republic of Moldova, Europe

ISBN: 978-620-3-61681-1

Resumo

As folhas e as cascas da planta da romã, variedade maravilhosa, foram prensadas mecanicamente para obter sumos brutos. Estes últimos materiais foram submetidos à determinação da composição química bruta dos sumos brutos das folhas e cascas das partes da planta da romã, à estimativa de determinados fitoquímicos e à quantificação dos fenóis totais, flavonóides, taninos e antocianinas dos sumos brutos da romã, caraterização qualitativa e quantitativa de compostos polifenólicos em sumos brutos de cascas e folhas de romã por aparelho de HPLC e avaliação das actividades antioxidantes de sumos brutos de cascas e folhas de romã através da determinação do DPPH, do poder redutor e do período de indução de conceção por aparelho de rancimat. Os resultados indicaram que o sumo bruto das cascas continha quantidades elevadas de proteínas brutas e de hidratos de carbono hidrolisáveis totais, sendo 1,42 e 2,5 vezes superiores às do sumo bruto das folhas, respetivamente. As quantidades de polifenóis, flavonóides, taninos e antocianinas no sumo bruto das cascas eram nitidamente superiores às do sumo bruto das folhas. A HPLC foi utilizada para distinguir os compostos polifenólicos nos sumos brutos das folhas e das cascas de romã. Foram separados 12 e 6 compostos polifenólicos dos sumos brutos das cascas e das folhas de romã, respetivamente. Os compostos básicos encontrados nos sumos da casca e da folha da romã foram o ácido gálico, o ácido protocatecuico e o ácido gálico, 3-hidroxi tirosol, respetivamente. A atividade antioxidante do sumo de cascas em bruto foi superior à do sumo de folhas em bruto, sendo aproximadamente 6,59 vezes superior à induzida pelo sumo de folhas. A análise estatística demonstrou que existe uma correlação positiva entre o conteúdo polifenólico e a atividade antioxidante dos sumos brutos de romã. Os presentes resultados sublinham a utilização de sumos brutos de romã como antioxidante natural, uma vez que é quase inestimável, não causou efeitos nocivos na saúde humana e induziu um poderoso efeito antioxidante em comparação com o conhecido BHT, o antioxidante sintético.

palavras-chave: Cascas e sumos brutos de romã, composição química bruta, análises fitoquímicas de rastreio, polifenóis, flavonóides, analisador HPLC, estabilidade do óleo de girassol, aparelho Rancimat

DEDICATIOIN

Dedico este trabalho aos meus pais, aos meus irmãos e à minha irmã por todo o apoio que me deram durante os meus estudos de pós-graduação.

AGRADECIMENTOS

É com prazer que registo os meus mais profundos agradecimentos ao meu Alá.

Estou muito grato ao **Dr. Radwan Sedky Farag**, *Prof. de Bioquímica, Faculdade de Agricultura, Universidade do Cairo, pela sua supervisão, grande ajuda, orientação fiel e encorajamento contínuo ao longo deste trabalho.*

O meu apreço e grande agradecimento são extensivos ao **Dr. Mohamed Saad Abdel-Latif**, *Prof. associado de Bioquímica, Faculdade de Agricultura, Universidade do Cairo, pela sua supervisão, orientação e ajuda ao longo deste trabalho.*

Os agradecimentos são também extensivos a todos os membros do pessoal do Departamento de Bioquímica da Faculdade de Agricultura da Universidade do Cairo.

Os meus pais, os meus irmãos e a minha irmã merecem um profundo apreço especial.

ÍNDICE

CAPÍTULO 1

INTRODUÇÃO

Os frutos da romã têm sido amplamente utilizados em muitas culturas e países diferentes durante milhares de anos. A fruta da romã ganhou uma grande popularidade ao longo dos anos. Originários do Médio Oriente e da Ásia, os frutos da romã são conhecidos pelo nome de Granada ou maçã chinesa. Atualmente, os frutos são cultivados sobretudo na Índia, em África e nos Estados Unidos. O melhor local para o crescimento dos frutos da romã é nas zonas de clima quente.

A romã é um arbusto ou uma pequena árvore atractiva com cerca de 2 a 4 metros de altura. A romãzeira é uma planta com muitos ramos, mais ou menos espinhosos e de vida extremamente longa. As suas folhas são sempre verdes, com cerca de 1 a 10 centímetros de comprimento e coriáceas.

Os frutos da romã são quase redondos, mas coroados na base pelo cálice com cerca de 6,25-12,5 cm de largura. A parte interna dos frutos da romã é separada por paredes membranosas e tecido esponjoso branco em compartimentos com sacos transparentes cheios de polpa azeda, saborosa, carnuda, sumarenta, vermelha, cor-de-rosa ou esbranquiçada, conhecida como arilos.

Os frutos da romã têm sido vulgarmente associados à melhoria da saúde do coração, e outras alegações variadas incluem a proteção contra o cancro da próstata e o abrandamento da perda de cartilagem na artrite. A maioria das investigações centrou-se na polpa e no sumo dos frutos. No entanto, alguns cientistas referiram que as cascas oferecem maiores rendimentos de compostos fenólicos, flavonóides e pro-antocianidinas do que a polpa. A romã é útil para casos de febre alta, diarreia crónica e disenteria, alombep e expulsão de vermes intestinais, especialmente ténias, e tratamento de hemorróidas, pois é benéfica para a constipação e tratamento de doenças de pele, sarna e uma mistura de pó de casca com mel e usada diariamente sob a forma de tinta.

Vários cientistas realizaram investigações sobre vários extractos de partes botânicas da romã utilizando solventes de diferentes polaridades. Tanto quanto é do nosso conhecimento, ninguém tentou efetuar investigações sobre a seiva interna das folhas e cascas da romã sem

5

recorrer a solventes. É preciso lembrar que alguns solventes podem ter um efeito deletério na saúde humana. Por conseguinte, os principais objectivos do presente trabalho foram os seguintes

1. Determinação da composição química bruta dos sumos brutos das folhas e cascas das partes da planta da romã.
2. Estimativa de certos fitoquímicos e quantificação dos fenóis totais, flavonóides, taninos e antocianinas dos sumos brutos de romã.
3. Caracterização qualitativa e quantitativa de compostos polifenólicos em sumos brutos de folhas e cascas de romã por aparelho de HPLC.
4. Avaliação das actividades antioxidantes das cascas e dos sumos brutos das folhas da romãzeira através da determinação do DPPH, do poder redutor e do período de indução da conceção pelo aparelho de rancimat.

CAPÍTULO 2

REVISÃO DA LITERATURA

1. Descrição geral da planta da romã

A romã, Punica granatum, é um arbusto, geralmente com vários caules, que atinge normalmente 1,8-4,6 m de altura. As folhas caducas são brilhantes e têm cerca de 7,6 cm de comprimento. A romã tem flores vermelho-alaranjadas, em forma de trompete, com pétalas franzidas. As flores têm cerca de 5 cm de comprimento, muitas vezes duplas, e são produzidas durante um longo período no verão. O fruto é globoso, com 5-7,6 cm de diâmetro, e de cor avermelhada brilhante ou verde-amarelada quando maduro. O fruto é tecnicamente uma baga. Está cheio de sementes estaladiças, cada uma das quais está envolvida numa polpa sumarenta e algo ácida que, por sua vez, está envolvida numa pele membranosa (Polunin e Huxley, 1987).

A romã é um fruto antigo, místico e muito caraterístico. A romãzeira cresce tipicamente entre 12 e 16 pés e tem muitos ramos espinhosos. O fruto maduro da romã pode ter até cinco centímetros de largura, com uma pele vermelha profunda e coriácea, tem forma de granada e é coroado pelo cálice pontiagudo. O fruto contém muitas sementes (arilos) separadas por um pericarpo branco e membranoso, e cada uma delas está rodeada por pequenas quantidades de sumo vermelho e ácido. A romã é originária dos Himalaias, no norte da Índia, até ao Irão, mas tem sido cultivada e naturalizada desde tempos antigos em toda a região mediterrânica. Também se encontra na Índia e nas regiões mais áridas do Sudeste Asiático, nas Índias Orientais e na África tropical (Naqvi et al., 1991).

A romã é uma importante planta frutífera das regiões tropicais e subtropicais. É amplamente cultivada no Irão, Espanha, Egito, Rússia, França, Argentina, China, Japão, EUA e na Índia (Patil e Karade, 1996). A romã é mencionada três vezes no Ayat do Alcorão Sagrado e pelo profeta islâmico, "Maomé", como um dos frutos que se encontrarão no paraíso (Seeram et al., 2006).

Punica granatum L., vulgarmente conhecida como romã, é um arbusto de folha caduca frutífero ou uma pequena árvore, nativa da Ásia e pertencente à família Lythraceae. As folhas são brilhantes e têm cerca de 7,6 cm de comprimento (Qnais et al., 2007).

7

A árvore/fruto pode ser dividida em vários compartimentos anatómicos: (1) semente, (2) sumo, (3) casca, (4) folha, (5) flor, (6) casca, e (7) raízes (Lansky e Newman, 2007).

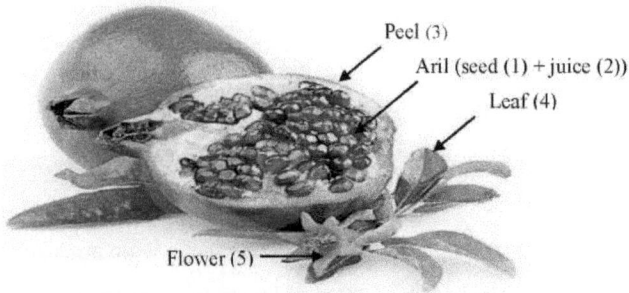

Componentes do fruto da romã

A romã é um fruto antigo, místico e único que nasce numa árvore pequena e de vida longa, cultivada em toda a região mediterrânica, até ao norte dos Himalaias, no sudeste asiático e na Califórnia e no Arizona, nos Estados Unidos (Jurenka, 2008).

Esta planta tem nomes diferentes consoante o país de cultivo, por exemplo, Nome Botânico: Punica granatum (Lythraceae), nome comum: romã, melograno (em italiano), granaatappel (em alemão). As palavras latinas para maçã (pomum) e semente (granatus) são combinadas para formar o nome inglês pomegranate (seeded apple) e Anar ou Anaar (em Hindi/Urdu e Punjabi) (www.darwin.nt.gov.au/communityorchard).

O nome do género, Punica, era o nome romano de Cartago, onde se conheciam as melhores romãs. A romã é conhecida pelos franceses como granada, pelos espanhóis como granada, e traduz-se literalmente por maçã com sementes ("granatus") ("pomum") (Jurenka, 2008).

A romã pertence à ordem Myrtales e muito provavelmente originou-se de Saxifragales (Watson e Dallwitz, 1992). É provável que a família Lythraceae seja uma forma inicial, que deu origem às famílias Sonneratiaceae e Punicaceae (Angiosperm Phylogeny Group (APG II), 2003). A taxonomia atualmente aceite está de acordo com a do Angiosperm Phylogeny Group (APG-III, 2009), em que Punica é tratada como um género incluído na família Lythraceae (Angiosperm Phylogeny Group (APG III), 2009).

8

A romã, Punica granatum L., cujo nome comum deriva das palavras latinas ponus e granatus, uma maçã com sementes ou granulada, é um fruto delicioso consumido em todo o mundo. O fruto é originário do Afeganistão, do Irão, da China e do subcontinente indiano. As antigas origens da romã estão relacionadas com o Irão, o Paquistão, a China e o leste da Índia, onde as romãs eram cultivadas há milhares de anos. A partir do oeste da Pérsia (atual Irão), o cultivo da romã estendeu-se pela região mediterrânica até às fronteiras turcas europeias e ao sudoeste americano, Califórnia e México (Lansky e Newman, 2007 e Celik et al., 2009). As cascas de romã são caracterizadas por uma rede interior de membranas que compreende quase 26-30% do peso total do fruto e distinguem-se por quantidades substanciais de compostos fenólicos, incluindo flavonóides (antocianinas, catequinas e outros flavonóides complexos) e taninos hidrolisáveis (punicalina, pedunculagina, punicalagina, ácidos gálico e elágico).

A cultura da romã é originária do Médio Oriente e foi mais tarde conhecida nos países mediterrânicos. A romã cresce bem em climas semi-áridos, temperados suaves a subtropicais, onde o ar é seco, os verões são quentes e os invernos são frescos, como no Afeganistão, Irão, Índia, China, Japão, Estados Unidos (Califórnia), Espanha, Egito, Turquia, Grécia e Rússia (Newman et al., 2007; Ozgen et al., 2008 e Akbarpour et al., 2009). A Tunísia é um dos países de origem da romã.

A romã é uma árvore importante das regiões tropicais e subtropicais, valorizada pelos seus deliciosos frutos comestíveis. O fruto tem um exocarpo coriáceo e o interior está separado por paredes membranosas e tecido esponjoso branco em compartimentos com sacos transparentes cheios de polpa carnuda, sumarenta, vermelha, cor-de-rosa ou esbranquiçada, denominada arilo. Os arilos podem ser consumidos diretamente, como sumo fresco, ou utilizados para a preparação de numerosos produtos alimentares industriais (Al-Maiman e Ahmad, 2002; Al-Said et al., 2009; Holland et al., 2009 e Mousavinejad et al., 2009).

A romã *(Punica granatum* L.), uma pequena árvore com uma altura de 2-5 m, é originária da Ásia Central e é cultivada há séculos no Médio Oriente, na Ásia, no Mediterrâneo, nos Estados Unidos e na América do Sul e Central (Curroo et al., 2010).

As plantas antigas continuam a ser utilizadas atualmente. Passaram mais de 1.400 anos desde que o Alcorão Sagrado foi revelado ao Profeta Maomé, que a paz esteja com ele. No livro

9

sagrado do Alcorão, são citadas muitas plantas comestíveis e não comestíveis. Algumas delas, por exemplo, a hemorragia intestinal (romã), a romã em ordem ascendente no Alcorão Sagrado (Suratt Al Annaam; Ayat *99), o que indica a essência e o valor únicos destes frutos (Qusti *et al.*, 2010).

Hegde *et al.* (2012) descreveram a romãzeira como um arbusto de folha caduca frutífero, pertencente à família Lythraceae e cultivado em toda a Ásia, Médio Oriente e região mediterrânica.

A romã cresce em estado selvagem no sudoeste da Ásia e é cultivada nos países mediterrânicos. É um arbusto ou árvore de folha caduca com flores escarlates e perfumadas e, mais tarde, um fruto duro amarelado a avermelhado que contém sementes vermelhas brilhantes (Pullancheri *et al.*, 2013).

A romã (*Punica granatum* L.) tem sido cultivada desde a antiguidade em vários países que compõem as regiões do Mediterrâneo e do Médio Oriente, o que levou à descoberta e produção local de numerosos genótipos únicos ao longo dos séculos (Ferrara *et al.*, 2014).

2. Composição química da romã

O fruto e a casca da romã têm sido utilizados em curtumes desde a antiguidade. A planta contém mais de 28% de ácido galotânico e os alcalóides peltierina, metipeltierina, isopeltierina, pseudopeltierina, ácido gálico, ácido tânico, açúcar, oxalato de cálcio, etc. (Irvine 1961).

O sumo de romã é uma fonte importante de antocianinas, tendo sido registados os 3-glicosídeos e 3,5-diglicosídeos de delfinidina, cianidina e pelargonidina (Du et al., 1975). Contém também 1 g/L de ácido cítrico e apenas 7 mg/L de ácido ascórbico (El-Nemr et al., 1990). Além disso, a casca da romã (Tanaka et al., 1986), a folha (Tanaka et al., 1985 e Nawwar et al., 1994b) e a casca do fruto (Mayer et al., 1977) são muito ricas em elagitaninos e galotaninos. Foram previamente identificados vários glicosídeos de apigenina e luteolina da folha de romã (Nawwar et al., 1994a) e os taninos hidrolisáveis punicalagina e punicalina da casca de romã (Mayer et al., 1977 e Tanaka et al., 1986).

Gil et al. (2000) referiram que o teor de polifenóis solúveis no sumo de romã variava entre

0,2% e 0,1%, incluindo principalmente taninos, taninos elágicos, antocianinas, catequinas, ácidos gálico e elágico.

Os frutos da romã são globalmente consumidos frescos, em formas processadas como sumo, compota, óleo e em suplementos de extrato (Gil et al., 2000). O sumo de romã é uma fonte naturalmente rica em polifenóis e outros antioxidantes, incluindo a punicalagina (PA), o ácido elágico (EA), os galotaninos, as antocianinas e outros flavonóides. As sementes de romã são uma fonte rica em fibras alimentares, pectina e açúcares. As sementes de romã secas contêm o estrogénio esteroide estrona e os fitoestrogénios genisteína, daidzeína e coumestrol. Também contêm aminoácidos, como os ácidos glutâmico e aspártico. O sumo de romã também é rico em vitaminas e minerais, como as vitaminas E, C e B5, ferro, potássio e cálcio.

A romã é composta por uma rica variedade de flavonóides, que contêm aproximadamente 0,2% a 1,0% do fruto. Cerca de 30% de todas as antocianidinas encontradas na romã estão restritas à casca. Os compostos polifenólicos, bem como os flavonóides e os taninos, são abundantes nas cascas dos frutos silvestres em comparação com os frutos cultivados (Singh et al., 2002).

O sumo e a casca da romã contêm quantidades substanciais de polifenóis, como taninos elágicos, ácido elágico e ácido gálico (Loren et al., 2005).

O sumo de romã (PJ) consiste apenas no fruto esmagado. O sumo fresco contém 85% de humidade, 10% de açúcares totais, 1,5% de pectina e também antioxidantes, como o ácido ascórbico e os polifenóis. O teor de polifenóis solúveis no PJ varia dentro dos limites de 0,2%-1,0%, dependendo da variedade, e inclui principalmente antocianinas (como cianidina-3-glicosídeo, cianidina-3, 3-diglicosídeo e delfindina-3-glicosídeo) e antoxantinas (como catequinas, taninos elágicos e ácidos gálico e elágico). O ácido elágico e os elagitaninos hidrolisáveis estão ambos implicados na proteção contra a aterogénese, juntamente com a sua potente capacidade antioxidante. A punicalagina é o principal elagitanino do PJ, e este composto é responsável pela elevada atividade antioxidante do PJ (Ben Nasr et al., 1996; Gil et al., 2000 e Tzulker et al., 2007).

A análise da identidade dos compostos bioactivos revelou que o grupo polifenólico das

11

elagitaninas (ETs) contribui significativamente para as actividades benéficas para a saúde do sumo de romã (PJ). O PJ tinha a maior concentração de ETs do que qualquer outro sumo comummente consumido. Além disso, o PJ continha uma ET única, a punicalagina, que é o composto solúvel mais abundante nas cascas de romã e é responsável por mais de 50% da potente atividade antioxidante do sumo (Gil et al., 2000 e Adams et al., 2006). O sumo de romã extraído do fruto inteiro também contém um elevado teor de ácidos galágico, elágico e gálico, que apresentam uma atividade antioxidante significativa (Gil et al., 2000 e Aviram et al., 2008).

As romãs têm sido alvo de um interesse considerável nos últimos anos devido à abundância de compostos naturais bioactivos, como a vitamina C, os flavonóides, os galotaninos, a cianidina, a pelargonidina e os glicosídeos de delfinidina (Gil et al., 2000; Seeram et al., 2006; Tzulker et al., 2007 e Mousavijenad et al., 2009).

Na romã, foram previamente identificadas seis antocianinas que representam a maior parte do pigmento da casca e do arilo (delfinidina 3-glicosídeo e 3,5-diglucósido, cianidina 3-glicosídeo e 3,5-diglucósido e pelargonidina 3-glicosídeo e 3,5-diglucósido). Enquanto a capacidade antioxidante, que está correlacionada com a presença de compostos fenólicos, é importante na avaliação de frutos para potenciais benefícios para a saúde (Gil et al., 2000 e Alighourchi e Barzegar, 2009).

Tehranifar et al. (2010) indicaram que o teor de sólidos solúveis totais variou de 11,0 a 15,42 °Brix, os valores de pH de 2,87 a 4,36, a acidez titulável de 0,38 a 1,52 g/100 g de peso fresco, o teor de açúcares totais de 6.9 a 21,4 g/100 g de peso fresco, teor de antocianinas totais de 5,54 a 26,9 mg/100 g de peso fresco, ácido ascórbico de 7,19 a 15,5 mg/100 g de peso fresco e fenólicos totais de 159,8 a 984,2 mg/100 g de peso fresco. A atividade antioxidante do sumo de romã, determinada pelos ensaios de 1,1- difenil-2-picril-hidrazil, situou-se entre 16,0 e 54,4%. Além disso, a atividade antioxidante foi positivamente correlacionada com os fenólicos totais (r = 0,95), antocianinas totais (r = 0,90) e ácido ascórbico (r = 0,75).

As cascas de romã representam um valioso resíduo da indústria alimentar, uma vez que contêm compostos bioactivos, especialmente polifenóis, que são extraídos de materiais vegetais por solventes orgânicos (Qam e Hişil, 2010).

Os frutos da romã são ricos em compostos polifenólicos, incluindo isómeros de punicalagina, derivados do ácido elágico e antocianinas (delfinidina, cianidina e pelargonidina 3-glicosídeos e 3,5-diglucosídeos) (Elango et al., 2011).

Prakash e Prakash (2011) mostraram variações significativas nos ácidos orgânicos, compostos fenólicos, açúcares, vitaminas solúveis em água e composição mineral das romãs.

Mena et al. (2012) descreveram a romã (Punica granatum L.) como uma fonte rica em componentes (poli) fenólicos, com uma vasta gama de estruturas diferentes (ácidos fenólicos, flavonóides e taninos hidrolisáveis) e um rendimento rápido e elevado. Ainda não existe um rastreio preciso do seu perfil completo. Foi optimizado um método para a separação por cromatografia líquida de ultra alto desempenho (UHPLC) e para a caraterização linear por espetrometria de massa com armadilha de iões (MSn) da fração fenólica do sumo de romã, comparando várias condições analíticas diferentes. As melhores soluções para ácidos fenólicos, antocianinas, flavonóides e elagitaninos foram delineadas e mais de 70 compostos foram identificados e completamente caracterizados em menos de uma hora de tempo total de análise. Vinte e um compostos foram provisoriamente detectados pela primeira vez no sumo de romã.

Ullah et al. (2012) relataram que os resultados da análise da romã mostraram que o teor de humidade (04 ± 0,22%), cinzas (05 ± 0,14%), gordura (9,4 ± 0,1%), pH (3,75 ± 0,2), SST (0,7 ± 0,04%), acidez (4.86 ± 0,5%), fibra bruta (21 ± 0,6%), açúcares totais (31,38 ± 0,3%), açúcares redutores (30,40 ± 0,11%), açúcares não redutores (0,98 ± 0,12%), azoto (1,395 ± 0,30%) e proteína (8,719 ± 0,10%). O teor de minerais foi determinado através da análise das amostras de romã para sódio, potássio, ferro, manganês e zinco, com valores de ppm de 1100 ± 0,4, 10000 ± 0,6, 60,5 ± 0,2, 4,5 ± 0,8 e 4,0 ± 0,65 ppm, respetivamente.

O sumo de romã contém uma série de potenciais compostos activos, incluindo ácidos orgânicos, vitaminas, açúcares e componentes fenólicos. Os componentes fenólicos incluem ácidos fenólicos: principalmente, ácidos hidroxibenzóicos (como o ácido gálico e o ácido elágico) (Amakura et al., 2000); ácidos hidroxicinâmicos (como o ácido cafeico e o ácido clorogénico) (El-falleh et al., 2011); antocianinas, incluindo formas glicosiladas de cianidina, delfinidina e pelargonidina (Fanali et al., 2011 e

Krueger, 2012) e galotaninos e elagitaninos (Amakura et al., 2000). Além disso, o sumo de romã contém glucose, frutose, água e ácidos orgânicos (incluindo ácido ascórbico e ácido cítrico) (Krueger, 2012). No entanto, a concentração e o conteúdo destes compostos variam consoante a região de cultivo, o clima, a prática de cultivo e as condições de armazenamento (Pande e Akoh, 2009; El-falleh et al., 2011 e Legua et al., 2012).

Viuda-Martos et al. (2012) mencionaram a composição proximal do sumo de romã. Os resultados mostraram um maior teor de proteína, gordura e cinzas no sumo de romã extraído apenas dos arilos (AB) (p <0,05) do que o sumo de romã extraído dos arilos e cascas (WFB). No entanto, o teor de fibra alimentar total, fibra alimentar insolúvel e fibra alimentar solúvel é mais elevado nas amostras WFB (50,3, 30,4 e 19,9 g/100 g de peso vivo, respetivamente) do que nas amostras AB (45,6, 29,0 e 16,6 g/100 g de peso vivo). AB apresentou um pH de 4,40 enquanto WFB apresentou um pH de 4,5. O AB e o WFB apresentaram uma capacidade de retenção de água de 4,5 e 4,9 g de água/g d.w., respetivamente, enquanto a capacidade de retenção de óleo foi de 5,9 g de óleo/g d.w. para a amostra AB e 5,9 g de óleo/g d.w. para o WFB. Os co-produtos do bagaço de romã em pó podem ser considerados um potencial ingrediente funcional em produtos alimentares.

Kaneria et al. (2012) mencionaram que a folha da romã se destaca como uma fonte rica em polifenóis, exibindo altos níveis de flavonóides e taninos, como punicalina, pedunculagan, ácido galágico, ácido elágico e seus ésteres de glicose.

Radunic' et al. (2015) avaliaram as propriedades físicas e químicas de oito acessos de romã (sete cultivares e um genótipo selvagem) recolhidos na região mediterrânica da Croácia. Os acessos apresentaram uma elevada variabilidade no peso e tamanho dos frutos, nas propriedades do cálice e da casca, no número de arilos por fruto, no peso total dos arilos e no rendimento em arilos e sumo. Foram avaliadas as variáveis que definem o sabor doce, como a baixa acidez total (AT; 0,370,59%), o elevado teor de sólidos solúveis totais (SST; 12,5-15,0%) e o seu rácio (SST/AT), e os resultados alinharam-se geralmente com as classificações de doçura do fruto. Os frutos da romã apresentaram uma elevada variabilidade no teor de fenólicos totais (1985,6

2948,7 mg/L).

A análise HPLC mostrou a presença de catequina seguida de ácido clorogénico no extrato

14

de acetona da casca de romã, enquanto a presença de ácido clorogénico seguida de ácido cafeico no extrato de metanol da casca de romã (Mutreja e Kumar, 2015).

O fruto da romã contém uma grande variedade de polifenóis, tais como antocianinas, galotaninos, derivados de ácidos hidroxicinâmicos, ácidos hidroxibenzóicos e taninos hidrolisáveis (como a punicalagina, que é exclusiva da romã e faz parte de uma família de elagitaninos) e ésteres de galagil (Akhtar et al., 2015).

Os extractos de casca de romã, tais como aquoso, etanol, clorofórmio, acetona e éter de petróleo, foram avaliados quanto ao teor de taninos com ácido tânico como padrão. O rendimento ótimo de taninos foi encontrado no extrato de casca em etanol (87,3 mg TAE/g) de Punica granatum (Sumathi et al., 2015).

3. Rastreio fitoquímico da romã

A parte comestível do fruto da romã contém quantidades consideráveis de ácidos, açúcares, vitaminas, polissacáridos, polifenóis e minerais importantes (Gil et al., 2000 e Kulkarni et al., 2004).

Foram identificadas algumas substâncias nestes tipos de extractos, tais como açúcares redutores, mucilagem, glicosídeos, fenóis, taninos, flavonóides, pigmentos de antocianinas e alcalóides (Mertens-Talcott et al., 2006).

A romã é rica em antioxidantes da classe dos polifenólicos, que incluem taninos, antocininas e flavonóides (Ricci et al., 2006 e De Nigris et al., 2007).

Um rastreio fitoquímico preliminar do extrato aquoso de cascas de romã deu resultados positivos para taninos, flavonóides e alcalóides (Qnais et al., 2007).

Barzegarl et al. (2007) estudaram o extrato de casca de Punica granatum e registaram quantidades substanciais de polifenóis, tais como taninos elágicos, ácido elágico e ácido gálico. O rastreio fitoquímico preliminar do extrato aquoso das cascas de Punica granatum deu resultados positivos para taninos, flavonóides e alcalóides e mostrou que o extrato aquoso das cascas de Punica granatum pode conter alguns princípios biologicamente activos que podem estar na base da sua utilização tradicional.

Os trabalhos de Machado et al. (2003); Voravuthikunchai et al. (2004) e Al- Zoreky, (2009) revelaram que as cascas de romã eram ricas em taninos.

As plantas são sempre uma fonte rica de compostos que não parecem ser essenciais para o metabolismo primário, incluindo milhares de metabolitos secundários e várias macromoléculas, como péptidos, proteínas, enzimas, lenhina e celulose. O consumo de uma dieta à base de plantas ou rica em fitoquímicos tem sido associado a um risco reduzido de doenças humanas crónicas, como certos tipos de cancro, inflamação, doenças cardiovasculares e neurodegenerativas (Kong et al., 2003 e Beretta et al., 2009). Por conseguinte, a química e a biologia dos fitoquímicos são da maior importância para a avaliação dos seus potenciais benefícios para a saúde dos seres humanos ((El- falleh et al., 2011).

O rastreio fitoquímico do extrato metanólico da folha revelou a presença de hidratos de carbono, açúcares redutores, esteróis, glicosídeos, fenólicos, taninos, flavonóides, proteínas e saponinas, enquanto que as gomas não foram detectadas. O potencial antioxidante total dos extractos metanólico e aquoso foi encontrado como 2,26 e 1,06 mg de equivalente de ácido ascórbico por ml do extrato, respetivamente (Hegde et al., 2012).

A presença de vários fitoquímicos nos extractos etanólico, aquoso e clorofórmico das cascas de romã, do fruto inteiro e das sementes foi estudada por

Bhandary et al. (2012). Verificou-se que os três extractos diferentes de cascas continham triterpenóides, esteróides, glicosídeos, flavonóides, taninos, hidratos de carbono e vitamina C. Verificou-se que os três extractos diferentes de frutos inteiros continham triterpenóides, esteróides, glicosídeos, saponinas, alcalóides, flavonóides, taninos, hidratos de carbono e vitamina C. Verificou-se que os três extractos diferentes de sementes continham triterpenóides, esteróides, glicosídeos, saponinas, alcalóides, taninos, hidratos de carbono e vitamina C. Os dados obtidos a partir dos três extractos diferentes de cascas de romã, frutos inteiros e sementes forneceram a base para a sua vasta utilização na medicina tradicional e popular.

Caliskan e Bayazit (2012) detectaram diversidade nas caraterísticas fitoquímicas entre os 76 acessos de romã cultivados na região mediterrânica oriental da Turquia. Os resultados demonstraram que os acessos de romã analisados apresentaram perfis variáveis de fenólicos (TP), antocianinas totais (TA) e capacidade antioxidante total (TAC), dependendo da cor do arilo e do grupo de índice de maturidade.

A romã contém taninos, fenóis e flavonóides que podem, direta ou indiretamente, reduzir os danos oxidativos, impedindo a geração excessiva de radicais livres (Al Olayan et al., 2014).

Sangeetha e Jayaprakash (2015) avaliaram os constituintes fitoquímicos dos extractos da casca de *Punica granatum* L. e verificaram que todos os constituintes fitoquímicos testados estavam presentes no extrato aquoso da casca de *Punica granatum*, exceto os glicosídeos e a antocianina. Observou-se que o extrato etanólico da casca de *Punica granatum* mostrou a presença de todos os constituintes fitoquímicos, exceto taninos, glicosídeos e antocianina. O extrato clorofórmico da casca revelou apenas a presença de 6 constituintes fitoquímicos de um total de 13. O extrato de éter de petróleo da casca *de Punica granatum* mostrou apenas a presença de saponinas e fenóis. Todos os constituintes fitoquímicos testados estavam presentes no extrato de acetona da casca de *Punica granatum*, exceto os alcalóides, as saponinas e a antocianina.

O rastreio fitoquímico de vários extractos de casca de romã utilizando água, etanol, clorofórmio, acetona e éter de petróleo, revelou a presença de taninos, saponinas, fenóis, flavonóides, glicosídeos cardíacos, terpenóides, alcalóides e esteróides (Sumathi et al., 2015).

4. Efeito da romã em certas doenças

Embora os amplos benefícios terapêuticos da romã possam ser atribuídos a vários mecanismos, a maior parte da investigação centrou-se nas suas propriedades antioxidantes, anticarcinogénicas e anti-inflamatórias. Um estudo separado em ratos com lesões hepáticas induzidas por CCl_4 demonstrou que o pré-tratamento com um extrato de casca de romã melhorou ou manteve a atividade de eliminação de radicais livres das enzimas hepáticas catalase, superóxido dismutase e peroxidase, e resultou numa redução de 54% dos valores de peroxidação lipídica em comparação com os controlos (Chidambara et al., 2002).

Na medicina ayurvédica, a romã é considerada "uma farmácia em si mesma" e é utilizada como agente antiparasitário (Naqvi et al., 1991), um "tónico sanguíneo" (Lad e Frawley, 1986) e para curar aftas, diarreia e úlceras. (Caceres et al., 1987). A romã também serve como remédio para a diabetes no sistema de medicina Unani praticado no Médio Oriente e na Índia (Saxena e

Vikram, 2004).

De Nigris et al. (2005) indicaram que o sumo de romã demonstrou possuir propriedades antioxidantes impressionantes devido aos seus polifenólicos, taninos e antocianinas. A oxidação do LDL é um fator chave na formação de placas nas artérias, também chamada aterosclerose. Uma das melhores maneiras de se defender contra os antioxidantes prejudiciais.

O consumo de romã tem sido associado a efeitos benéficos para a saúde, como a prevenção da oxidação das lipoproteínas de baixa e alta densidade, da pressão arterial, da inflamação, da aterosclerose, do cancro da próstata, das doenças cardíacas e

VIH-1 (Aviram et al., 2004; Malik et al., 2005; Neurath et al., 2005 e Rosenblat et al., 2006).

A capacidade antioxidante do sumo de romã demonstrou ser três vezes superior à do vinho tinto e do chá verde, com base na avaliação da capacidade de eliminação de radicais livres e de redução de ferro dos sumos (Gil et al., 2000). Também foi demonstrado que o sumo de romã induziu níveis significativamente mais elevados de antioxidantes em comparação com os sumos de fruta habitualmente consumidos, como o sumo de uva, arando, toranja ou laranja (Azadzoi et al., 2005 e Rosenblat et al., 2006).

As potenciais propriedades terapêuticas da romã são muito variadas e incluem o tratamento e a prevenção do cancro, doenças cardiovasculares, diabetes, problemas dentários e proteção contra a radiação ultravioleta (UV). Outras aplicações potenciais incluem a isquémia cerebral infantil, a doença de Alzheimer, a infertilidade masculina, a artrite e a obesidade (Saxena e Vikram, 2004 e Lansky e Newman, 2007).

Numerosos estudos sobre as propriedades antioxidantes, anticarcinogénicas e anti-inflamatórias dos constituintes da romã foram publicados por Jurenka (2008). O trabalho deste autor centrou-se no tratamento e na prevenção do cancro, das doenças cardiovasculares, da diabetes, das doenças dentárias, da disfunção erétil, das infecções bacterianas e da resistência aos antibióticos, bem como das lesões cutâneas induzidas pela radiação ultravioleta.

Vários estudos demonstraram a importância da romã para a cura de certas doenças. Por exemplo, a romã tem sido amplamente utilizada como medicina tradicional em muitos países para o tratamento de disenteria, diarreia, helmintíase, acidose, hemorragia e patologias respiratórias (Choi et al., 2011). Além disso, esta planta tem excelentes propriedades antibacterianas, antifúngicas, antiprotozoárias e antioxidantes (Dahham et al., 2010; Inabo e Fathuddin, 2011 e Moussa et al., 2011).

A romã (Punica granatum L.) é comummente utilizada na medicina tradicional devido às suas propriedades farmacológicas, tais como as suas actividades anti-inflamatória, anti-hepatotoxicidade, anti-lipoperoxidação, anti-diabética, anti-cancerígena e anti-microbiana (Cavalcanti et al., 2012).

A romã (Punica granatum L.) é amplamente utilizada na medicina tradicional devido às suas propriedades terapêuticas (Kaneria et al., 2012). Um número crescente de estudos relatou os potenciais efeitos benéficos da romã na saúde humana (Johanningsmeier e Harris, 2011 e Viuda-Martos et al., 2010). As principais funções farmacológicas atribuídas aos extractos de romã incluem anti-LDL-colesterol (Anoosh et al., 2010), anti-fibrótico (Toklu et al., 2007 e Toklu et al., 2009), anti-inflamatório (Lansky e Newman, 2007 e Lee et al., 2010), anti-hepatotoxicidade (Kaur et al., 2006), antilipoperoxidação (Reddy et al., 2007), antidiabético (Huang et al., 2005; Sharma e Arya, 2011 e Das e Barman, 2012), anti-obesidade (Lei et al., 2007 e Al-Muammar e Khan, 2012), anti-cancerígeno (Adhami e Mukhtar, 2006; Khan et al, 2007; Khan e Mukhtar, 2007 e Lansky e Newman, 2007), anti-viral (Su et al., 2010 e 2011), anti-bacteriano (Nair e Chanda, 2005), e actividades anti-fúngicas (Johann et al., 2008 e Endo et al., 2010).

É amplamente divulgado que a romã exibe actividades antivírus, antioxidantes, antidiabéticas, antidiarreicas, anticancerígenas e antiproliferativas (Faria et al., 2006; Abdel Moneim, 2012 e Abdel Moneim et al., 2013).

O extrato metanólico de cascas de romã (MEPP) e o sumo de romã (PJ) foram avaliados em ratos machos normais. O MEPP e o PJ provocaram uma elevada elevação das hormonas sexuais masculinas como a testosterona, a hormona folículo-estimulante e a hormona luteinizante. Os resultados obtidos mostraram que o MEPP e o PJ podem conter alguns componentes biologicamente activos que podem ser activos contra o stress oxidativo, e esta pode ser a base da sua utilização tradicional para toxinas ambientais (Dkhil et al., 2013).

As cascas de romã são conhecidas pela sua composição rica em nutrientes, como as vitaminas A, B6, C, E, folato, potássio e ácido oxálico (Ramadan et al., 2009). Para além do seu valor nutricional, as cascas de romã eram utilizadas como anti-helmíntico, anti-traqueobronquite, para curar feridas, úlceras, contusões, estomatite, diarreia, vaginite e contra hemorragias excessivas (Ross, 2003).

Rosenblot et al. (2006) investigaram os efeitos do consumo de sumo de romã (que contém açúcares e potentes antioxidantes) por pacientes diabéticos nos parâmetros sanguíneos diabéticos e no stress oxidativo no soro e nos macrófagos. Observaram um aumento do nível de peróxidos celulares de 36% e uma diminuição do teor de glutatião de 64%. O consumo de sumo de romã reduziu significativamente os peróxidos celulares em 71% e aumentou os níveis de glutatião em 141% nos pacientes.

A investigação em seres humanos demonstrou que um sumo feito a partir da polpa de romã (PPJ) tem uma capacidade antioxidante superior à do sumo de maçã. Utilizando o ensaio de poder antioxidante redutor férrico (FRAP), Guo et al. (2008) descobriram que 250 ml de PPJ por dia durante quatro semanas, administrados a idosos saudáveis, aumentaram a capacidade antioxidante do plasma de 1,33 mmol para 1,46 mmol, enquanto os indivíduos que consumiram sumo de maçã não registaram um aumento significativo da capacidade antioxidante. Além disso, os indivíduos que consumiram o PPJ apresentaram uma diminuição significativa do teor de carbonilo no plasma (um biomarcador para a deficiência da barreira oxidante/antioxidante em várias doenças inflamatórias) em comparação com os indivíduos que tomaram sumo de maçã (Guo et al., 2008).

Pode concluir-se que a romã possui efeitos protectores contra a genotoxicidade e a hepatotoxicidade do CCl4 em modelos animais. Este efeito protetor pode ser atribuído aos seus efeitos antioxidantes e de eliminação de radicais livres (Abdou et al., 2012).

Os resultados de Orgil et al. (2014) mostraram que nos diferentes tecidos existem relações positivas entre os níveis elevados de conteúdo fenólico total (TPC), punicalagina e ácido gálico com as actividades antioxidantes e inibidoras da proliferação de MCF-7. As secções não comestíveis dos frutos, nomeadamente as cascas e as lamelas, apresentaram teores significativamente mais elevados destes compostos do que as secções comestíveis,

20

acompanhados de actividades anti-proliferativas mais elevadas.

Lansky e Newman (2007) mencionaram que a utilização de sumo, casca e óleo de romã demonstrou possuir actividades anticancerígenas, incluindo a interferência na proliferação de células tumorais, no ciclo celular, na invasão e na angiogénese. Estas actividades podem estar associadas a efeitos anti-inflamatórios baseados na planta. A fitoquímica e as acções farmacológicas de todos os componentes da romã sugerem uma vasta gama de aplicações clínicas para o tratamento e a prevenção do cancro, bem como de outras doenças em que se acredita que a inflamação crónica desempenha um papel etiológico essencial.

O fruto da romãzeira tem-se mostrado muito promissor como agente anticancerígeno no cancro do pulmão (Khan et al., 2007), da próstata (Paller et al., 2013), da pele (Afaq et al., 2003), do cólon (Adams et al., 2006) e da mama (Kim et al., 2002), que foi levado a ensaios clínicos de fase II no cancro da próstata (Adhami et al., 2009 e Paller et al., 2013). Os cientistas acima mencionados demonstraram que os extractos brutos de sumo de romã induziram a apoptose e inibiram o ciclo celular em várias linhas celulares de leucemia, que demonstraram maior sensibilidade do que as células de controlo não tumorais.

Hong et al. (2008) referiram que os extractos de romã suprimiam o crescimento das células cancerígenas e interferiam com os seus factores genéticos, conduzindo à morte no final. Os polifenóis da romã inibiram a expressão genética em células cancerígenas da próstata independentes de androgénios. Foi relatado que o sumo de romã aumentou a produção de antioxidantes no esperma, o que melhorou a sua qualidade (Turk et al., 2008).

Adhami et al. (2009) demonstraram que a romã inibia seletivamente o crescimento do cancro da mama, da próstata, do cólon e do pulmão em culturas celulares e modelos animais.

Elango et al. (2011) mencionaram que a Punica granatum (PG) possui efeitos antitumorais em vários tipos de células cancerígenas e que estas fracções fenólicas de romã ricas em flavonóides são responsáveis pela atividade anticancerígena. Apesar da elevada concentração de antocianidinas na casca, a literatura disponível sobre o potencial anticancerígeno da romã centra-se principalmente no sumo do fruto ou na semente e existem muito poucos dados disponíveis sobre a casca da romã.

As romãs têm-se mostrado muito promissoras como agentes anticancerígenos em vários tipos de cancro, incluindo ensaios clínicos no cancro da próstata (Dahlawi et al., 2013). Estes autores mostraram que o sumo de romã (PGJ) induziu apoptose e altera preferencialmente o ciclo celular em linhas celulares de leucemia em comparação com células de controlo não tumorais.

Modaeinama et al. (2015) ilustraram que as doses baixas de extrato metanólico de casca de romã (EPI) exercem efeitos anti-proliferativos potentes em diferentes células cancerígenas humanas e parece que as células do adenocarcinoma da mama MCF-7 são as mais sensíveis e as células do cancro do ovário SKOV3 as menos sensíveis a este aspeto.

Os efeitos da romã e do tamoxifeno no marcador tumoral do cancro da mama (CA 15-3), na enzima aromatase, nos triglicéridos (TG), no colesterol e na desidrogenase láctica (LDH) em mulheres mastectomizadas foram estudados por Qasim et al. (2013). Os resultados indicaram que o nível do marcador tumoral aumentou significativamente nas mulheres sem tratamento, enquanto o marcador tumoral diminuiu significativamente tanto no grupo da combinação romã-tamoxifeno como no grupo do tamoxifeno. Além disso, o nível de aromatase e de colesterol diminuiu significativamente no grupo da combinação romã-tamoxifeno, em comparação com os outros dois grupos restantes. O nível de LDH diminuiu significativamente nos grupos de combinação de tamoxifeno e romã-tamoxifeno, em comparação com o grupo não tratado. No entanto, o nível de TG manteve-se inalterado em todos os grupos.

Os resultados de Ming et al. (2014) mostraram que os extractos de romã (POM) (012 pg/ml) reduziram a produção de testosterona, DHT, DHEA, androstenediona, androsterona e pregnenolona em ambas as linhas celulares. Além disso, os seus dados apoiaram esta observação com uma redução nos esteróides séricos determinada após 20 semanas de tratamento com POM (0,17 g/L em água potável). De acordo com estes resultados, o Western blotting de lisados celulares e a análise do antigénio específico da próstata total (tPSA) determinaram que o PSA foi significativamente reduzido pelo tratamento com POM. Curiosamente, os níveis do anticorpo AKR1C3 e do recetor de androgénio (AR) mostraram estar aumentados em ambas as linhas celulares, talvez como um efeito de feedback negativo em resposta à inibição dos esteróides. De um modo geral, estes resultados fornecem provas mecanicistas para apoiar a fundamentação de relatórios clínicos recentes que descrevem a eficácia do POM em doentes com cancro da próstata resistente à castração (CRPC).

O estudo de Aviram e Dornfeld, (2001) demonstrou uma diminuição de 5% da pressão arterial sistólica com o consumo diário de 50 ml de sumo de romã (PJ) durante duas semanas. Foram estudados tanto homens como mulheres, sendo que cada participante estava a fazer terapia farmacológica anti-hipertensiva. A redução da pressão arterial pode ter resultado de uma interação direta do PJ com a enzima conversora da angiotensina (ECA) no soro, mas não se verificou uma redução significativa da atividade da ECA no soro.

Outros estudos indicaram que o sumo de romã pode ser eficaz contra o cancro da próstata e a osteoartrite (Seeram et al., 2007). Descobertas anteriores sobre a atividade antigripal dos extractos de Punica granatum deram apoio a aplicações etnofarmacológicas (Zhang et al., 1995 e Neurath et al., 2004).

O ácido elágico apresenta poderosas propriedades anticarcinogénicas (Falsaperla et al., 2005) e antioxidantes (Hassoun et al., 2004). O ácido elágico, juntamente com outros flavonóides como a quercetina, apoia esta afirmação (Mertens-Talcott e Percival, 2005 e Mertens-Talcott et al., 2005). A investigação de Lansky confirmou que a ação sinérgica de vários constituintes da romã é superior à do ácido elágico na supressão do cancro da próstata (Lansky et al., 2005).

Verificou-se que o sumo de romã reduziu eficazmente os factores de risco de doenças cardíacas e a aterosclerose, incluindo a oxidação do LDL e o estado oxidativo dos macrófagos (Aviram et al., 2000).

Nos seres humanos, o consumo de sumo de romã diminuiu a suscetibilidade do LDL à agregação e retenção e aumentou a atividade da paraoxonase sérica (uma esterase associada ao HDL que pode proteger contra a peroxidação lipídica) em 20%. Em ratinhos com deficiência de E (E0), a oxidação do LDL pelos macrófagos peritoneais foi reduzida até 90% após o consumo de sumo de romã e este efeito foi associado a uma redução da peroxidação lipídica celular e da libertação de superóxido. A absorção de LDL oxidada e de LDL nativa pelos macrófagos peritoneais de rato obtidos após a administração de sumo de romã foi reduzida em 20%. Por fim, a administração de sumo de romã a ratinhos E0 reduziu em 44% o tamanho das suas lesões ateroscleróticas e também o número de células espumosas, em comparação com os ratinhos E0 de controlo que receberam água (Aviram et al., 2000).

Os polifenóis da romã, a punicalagina, o ácido gálico e, em menor grau, o ácido elágico, aumentaram a expressão e a secreção de paraoxonase-1 nos hepatócitos de uma forma dependente da dose, reduzindo assim o risco de desenvolvimento de aterosclerose (Khateeb et al., 2010).

A administração de pó de casca de romã em bruto reduziu a concentração de glucose, triglicéridos, colesterol-LDL, colesterol, colesterol VLDL e aumentou o nível de colesterol HDL e o teor de hemoglobina no sangue de ratos diabéticos normais do grupo I e do grupo III tratados com aloxano (Radhika et al., 2011).

Os taninos do pericarpo da romã apresentaram uma atividade antiviral contra o vírus do herpes genital (Zhang et al., 1995). O extrato da casca da romã também demonstrou ser um potente agente virucida (Stewart et al., 1998) e foi utilizado como componente de preparações antifúngicas e antivirais (Jassim, 1998). A romã também foi utilizada como parte de preparações fungicidas (Jia e Zia, 1998).

Vários cientistas demonstraram que as partes botânicas da romã induziram uma atividade antimicroorganismos. Por exemplo, Al-Zoreky, (2009) descobriu que o extrato metanólico de 80% das cascas (WME) era um inibidor potente para Listeria monocytogenes, S. aureus, Escherichia coli e Yersinia enterocolitica. A concentração inibitória mínima (MIC) de WME contra Salmonella enteritidis foi a mais elevada (4 mg/ml). A WME proporcionou uma redução de N1 log10 de L. monocytogenes nos alimentos (peixe) durante o armazenamento a 4 °C. As análises fitoquímicas revelaram a presença de inibidores activos nas cascas, incluindo fenólicos e flavonóides. A atividade da WME estava relacionada com o seu teor mais elevado (262,5 mg/g) de fenólicos totais.

A casca e a folha do fruto da romã Linn foram maceradas sucessivamente com hexano, acetato de etilo, metanol e água. Os extractos foram testados in vitro quanto à sua atividade contra estirpes padrão de micróbios e isolados clínicos. Foram determinadas as zonas de inibição, a concentração inibitória mínima (CIM), a concentração bactericida mínima (CBM) e a concentração fungicida mínima (CFM). O rastreio antimicrobiano in vitro revelou que o extrato exibia uma atividade variável contra diferentes micróbios com zonas de inibição que variavam de 1434 mm, CIM que variava de 0,625-10 mg/ml e MBC/MFC de 1,25-10 mg/ml para os organismos sensíveis nas concentrações testadas. A atividade mais elevada teve uma CIM de

24

0,625 mg/ml e MBC de 1,25 mg/ml. As actividades observadas podem ser devidas à presença de alguns dos metabolitos secundários como alcalóides, antraquinonas, esteróis, glicosídeos, saponinas, terpenos e flavonóides detectados na planta (Omoregie et al., 2010).

O pericarpo (cascas) da romã tem sido habitualmente utilizado como medicamento bruto na medicina tradicional indiana para o tratamento da diarreia, bem como para utilização como anti-helmíntico, diurético, estomacal e cardiotónico (Khan e Hanee, 2011). As propriedades antibacterianas dos extractos do pericarpo da romã (cascas) (aquoso quente, metanólico e etanólico) foram avaliadas contra E. coli, P. aeruginosa e S. aureus utilizando o método de difusão em ágar. Os extractos aquosos quentes, metanólicos e etanólicos do pericápo de romã apresentaram um diâmetro médio da zona inibitória de 23,3, 22,3 e 24,5 mm, respetivamente, o que indicou que o extrato etanólico apresentou o melhor resultado com uma zona de inibição (ZOI) superior à do antibiótico padrão Tetraciclina (20,1 mm). O extrato etanólico de romã apresentou a CIM mais baixa de 1,45 p,g/ml, mostrando que é mais eficaz em comparação com as CIM de outros extractos.

O estudo sobre as actividades antibacterianas e antifúngicas das cascas de romã (Punica granatum L) foi realizado por Ullah et al. (2012) entre as culturas bacterianas e fúngicas selecionadas, a atividade antibacteriana mais elevada foi registada contra Klebsilla pneumoniae e entre os fungos foi registada uma atividade elevada contra Aspergillus parasiticus. O extrato da casca não apresentou actividades contra Salmonella typhi, Bacillus cereus e Aspergillus flavus.

O trabalho de Ahirrao e Surywanshi (2013) revelou que o extrato bruto metanólico da casca do fruto da romã apresentou um grau mais elevado de atividade inibitória contra E. coli a uma concentração mais elevada (50%), mostrando uma zona de inibição de 15,8 mm do que Staphylococcus aureus 15,0 mm e 13,0 mm com Salmonella typhi, respetivamente. O metanol revelou-se mais bioativo contra Salmonella typhi e E-coli do que contra Streptococcus aureus. Da mesma forma, o extrato aquoso bruto foi testado contra os agentes patogénicos acima referidos e revelou-se mais bioativo, mostrando a zona máxima de inibição de 8,5 mm contra o Staphylococcus aureus com a concentração mais elevada (50%) do que os outros organismos de teste como Salmonella typhi com 7,0 mm e E. coli com 5,3 mm de zona de inibição.

O extrato bruto da casca do fruto da romã mostrou atividade contra os dermatófitos

25

Trichophyton mentagrophytes, T. rubrum, Microsporum canis e M. *gypseum*, com valores de CIM de 125 pg/ml e 250 pg/ml, respetivamente para cada género. A punicalagina foi isolada e identificada por análise espectroscópica. O extrato bruto e a punicalagina mostraram atividade contra as fases conidial e hifal dos fungos. O ensaio de citotoxicidade mostrou seletividade para as células fúngicas do que para as células de mamíferos. Estes resultados indicaram que o extrato bruto e a punicalagina tinham uma maior atividade antifúngica contra o *T. rubrum*, indicando que a romã é um bom alvo de estudo para obter um novo medicamento antidermatófito (Foss *et al.*, 2014).

O extrato de folhas de *Punica granatum* foi testado contra *Bacillus subtilis*, *Staphylococcus aureus* e *Salmonella typhi*. O resultado mostrou que o extrato aquoso da folha de *Punica granatum* apresentou uma inibição de 100% contra todas as bactérias testadas a

concentrações variáveis de extrato. A Concentração Inibitória Mínima (CIM) do extrato aquoso de folhas de Punica granatum que mostrou 100% de inibição foi de 0,36 mg/ml, 0,13 mg/ml e 0,13 mg/ml no caso de Bacullus subtilis, Staphylococcus aureus e Salmonella typhi, respetivamente (Kumar et al., 2015).

Os estudos do potencial toxicológico do extrato de casca de romã não revelaram efeitos tóxicos, sinais clínicos, efeitos histopatológicos na camada de células epiteliais da língua, laringe e traqueia, alterações comportamentais e efeitos adversos ou mortalidade em ratos BALB/c. As administrações repetidas não alteraram ou causaram irritação local da mucosa oral. O teste de alergia cutânea foi negativo no último grupo (Jahromi et al., 2015).

CAPÍTULO 3

MATERIAIS E MÉTODOS

1. Amostras de plantas

Os frutos maduros da romã foram colhidos em outubro de 2013 em árvores de romã na província de El-Menia, no Egito. As amostras de frutos maduros de romã foram colhidas à mão em diferentes árvores da cultivar Wonderful. A planta foi autenticada pelo Dr. Abdalatif, A. M. Prof. Associado do Departamento de Horticultura, Faculdade de Agricultura, Universidade do Cairo. Os nomes inglês, científico e familiar da planta em estudo são: Pomegranate, Punica granatum L. e Lythraceae, respetivamente.

2. Preparação de sumos brutos de folhas e cascas de romã

As folhas e as cascas dos frutos maduros da romã foram descascadas manualmente e lavadas para remover os materiais indesejáveis, a fim de garantir que as cascas e as folhas estavam limpas antes de passar ao processo seguinte. As sementes foram retiradas. As cascas e as partes botânicas das folhas foram prensadas mecanicamente numa prensa hidráulica de laboratório Carver (Carver modelo C S/N 37000-156; Fred S. Carver nc, Menomonee Falls, WI, EUA, força de elevação 10 t/polegada^2 , capacidade 1kg). Os sumos brutos resultantes foram concentrados utilizando um liofilizador (Labconco Corporation, Kansas City, M.O., EUA) e mantidos em garrafas castanhas a -5 °C até à sua utilização.

3. Óleo de girassol

O óleo de girassol refinado foi obtido da Cairo Oil and Soap Co. (El-Ayat, Giza, Egito).

4. Produtos químicos

O ácido gálico, o reagente de fenol Folin-Ciocalteau, o DPPH e o BHT foram adquiridos à Sigma Chemical Co. (St Louis, MO, EUA). A quercetina foi adquirida à Aldrich, Milwaukee, WI, EUA. O metanol de grau de reagente analítico foi obtido no Lab-Scan (Labscan Ltd, Dublin, Irlanda). Os compostos fenólicos autênticos: ácido gálico, 3-hidroxi tirosol, ácido protocatecuico,

27

catequina, catecol, ácido clorogénico, ácido cafeico, ácido vanílico, cafeína, ácido ferúlico, oleuropeína e cumarina (1, 2- benzopirona) foram adquiridos à Sigma Chemical Company (St Louis, MO, EUA). A pureza destes compostos foi verificada por HPLC e cada composto apresentou apenas um pico. Todos os solventes eram de grau de reagente analítico e foram redestilados antes da utilização.

5. Determinação de algumas das caraterísticas químicas do óleo de girassol

a. Determinação do valor ácido (AV)

O índice de acidez foi determinado de acordo com o método A.O.A.C. (940.28, 2000), como se segue: Dissolveu-se uma massa conhecida (2 g) do óleo em álcool etílico neutro (30 ml). A mistura foi titulada com uma solução de hidróxido de potássio (0,1 N) na presença de fenolftaleína como indicador. O valor da acidez é expresso em mg de KOH necessários para neutralizar a acidez de um grama de óleo.

b. Determinação do índice de peróxidos (PV)

O índice de peróxidos foi determinado de acordo com o método A.O.A.C. (965.33, 2000). Dissolveu-se um peso conhecido da amostra de óleo (5 g) numa mistura de ácido acético glacial e clorofórmio (30 ml, 3:2, v/v), adicionou-se uma solução saturada de iodeto de potássio recentemente preparada (1 ml), seguida de água destilada (30 ml) e titulou-se lentamente com uma solução de tiossulfato de sódio (0,1 N) na presença de uma solução de amido (0,5 ml, 1%) como indicador. O índice de peróxidos é expresso em miliequivalentes de peróxidos/1 kg de óleo.

6. Composição química dos sumos brutos de folhas e cascas de romã

Os teores de humidade, cinzas, proteína bruta e fibra bruta das cascas de romã e dos sumos brutos das folhas foram determinados em triplicado, de acordo com os procedimentos normalizados da AOAC (2000). Os óleos brutos e os hidratos de carbono hidrolisáveis totais foram determinados de acordo com os métodos de Bligh e Dyer (1959) e Dubois et al. (1956), respetivamente.

a. Determinação do teor de humidade

28

O teor de humidade dos sumos brutos de folhas e cascas de romã foi determinado por aquecimento a 100 °C ± 5 °C até se obter um peso constante. A perda de peso foi considerada como teor de humidade (AOAC, 930.04, 2000).

b. Determinação do teor de cinzas

O teor de cinzas dos sumos brutos das folhas e cascas da romã foi determinado por aquecimento numa mufla aquecida a cerca de 550°C até se atingir um peso constante (AOAC, 930.05, 2000).

c. Determinação das proteínas brutas

Para a determinação das proteínas brutas das cascas de romã e dos sumos brutos das folhas, utilizou-se o método habitual de Kjeldhal (AOAC, 955.04, 2000). Em seguida, a proteína bruta foi calculada multiplicando o azoto total por um fator de 6,25.

d. Determinação dos óleos brutos

Os óleos brutos das cascas de romã e os sumos brutos das folhas foram determinados pelo método de Bligh e Dyer (1959). Uma alíquota de sumo bruto de romã (5 ml) foi misturada com clorofórmio (5 ml) e agitada suavemente. Este processo foi repetido duas vezes. O extrato combinado de clorofórmio foi agitado com metanol: água (1:1, v/v) e a camada superior foi rejeitada. A camada clorofórmica foi transferida para um copo de vidro limpo e depois colocada numa estufa a 105° C durante 2 h e arrefecida num exsicador. A percentagem de matérias gordas brutas foi determinada utilizando a seguinte fórmula

% de matéria gorda bruta= Peso do extrato X 100 / Peso da amostra

e. Determinação dos hidratos de carbono hidrolisáveis totais

Os hidratos de carbono hidrolisáveis totais das cascas de romã e dos sumos brutos das folhas foram determinados (como glucose) pelo método fenol-sulfúrico após hidrólise ácida (HCl 2,5 N) e depois determinados pelo reagente fenol-ácido sulfúrico a 490 nm utilizando um espetrofotómetro (Beckman, DU 7400 USA).

29

f. Determinação das fibras brutas

As fibras brutas foram calculadas por diferença após a análise de todos os outros itens do método de análise proximal.

Fibras brutas = (100- % humidade + % proteínas brutas + % óleos brutos + % hidratos de carbono hidrolisáveis totais + % cinzas).

7. Sólidos solúveis totais (SST)

Os sólidos solúveis totais (°Brix) dos sumos brutos de romã foram determinados de acordo com o método do índice de refração da A.O.A.C (2000), utilizando um refratómetro (ABBE, S N 203825, B G - Itália) e indicados em graus Brix (°B).

8. Rastreio fitoquímico qualitativo de sumos brutos de romã

Os sumos brutos das folhas e das cascas de romã foram analisados quanto à presença de famílias-chave de fitoquímicos, de acordo com os métodos descritos por Harborne (1973).

a. Hidratos de carbono

Os sumos brutos foram diluídos com 5 ml de água destilada e filtrados. O filtrado foi utilizado para os seguintes testes:

(1) **Teste de Molisch:** Uma porção de sumo de romã (1 ml) foi tratada com 2 gotas de solução alcoólica de a-naftol num tubo de ensaio. A formação de um anel violeta na junção indica a presença de hidratos de carbono.

(2) **Teste de Benedict:** Uma alíquota de sumo de romã (1 ml) tratada com o reagente de Benedict e aquecida suavemente, o precipitado vermelho-alaranjado indica a presença de açúcares redutores.

b. Deteção de esteróis

Os esteróis foram detectados pelo teste de Salkowski da seguinte forma. Uma alíquota de sumo de romã em bruto (2 ml) foi diluída com clorofórmio e depois misturada com algumas gotas de H_2SO_4 concentrado e agitada suavemente. O aparecimento de uma cor vermelha dourada indica a presença de um anel esteroide.

c. Deteção de glicósidos

Os glicosídeos foram detectados pelo teste de Keller-Killani da seguinte forma. O sumo em bruto foi misturado com 2 ml de ácido acético glacial contendo uma gota de FeCl3. O aparecimento de um anel de cor castanha indica um teste positivo.

d. Deteção de saponinas

Uma alíquota de sumo bruto (5 ml) foi misturada com 20 ml de água destilada e agitada numa proveta graduada durante 15 minutos. A formação de espuma indica a presença de saponinas.

e. Caracterização dos taninos

Uma alíquota de sumo bruto (4 ml) foi misturada com 4 ml de FeCl3. A formação de cor verde indica a presença de taninos condensados.

f. Deteção de fenóis

O teste do cloreto férrico foi utilizado para detetar a ocorrência de compostos fenólicos da seguinte forma. Uma porção de sumo de romã (1 ml) foi misturada com 4 gotas de solução alcoólica de FeCl3. A formação de uma cor negro-azulada indica a presença de fenóis.

g. Deteção de proteínas

O teste xantoproteico foi utilizado para a deteção de proteínas da seguinte forma. Uma alíquota de sumo bruto (1 ml) foi tratada com algumas gotas de HNO3 concentrado. A formação de cor amarela indica a presença de proteínas.

h. Deteção de aminoácidos

Os aminoácidos foram caracterizados pelo teste da ninidrina. Uma alíquota de sumo bruto de romã (2 ml) foi misturada com o reagente de ninidrina (2 ml) e fervida durante alguns minutos. A formação de cor azul indica a presença de aminoácidos.

i. Deteção de alcalóides

Os alcalóides foram distinguidos da seguinte forma. Colocou-se uma quantidade de sumo bruto (3 ml) num tubo de ensaio e adicionou-se 1 ml de HCl. A mistura foi aquecida suavemente durante 20 minutos, arrefecida e filtrada. O filtrado foi utilizado para o seguinte teste de Wagner. Uma porção do sumo de romã foi tratada com o reagente de Wagner (1,7 g de iodo e 2 g de iodeto de potássio foram dissolvidos em 5 ml de água e completados até 100 ml com água destilada); a formação de um precipitado castanho-avermelhado indica a presença de alcalóides.

j. Deteção de flavonóides

Os flavonóides foram detectados pelo teste do acetato de chumbo da seguinte forma. Uma alíquota de sumo bruto (1 ml) foi misturada com uma solução de acetato de chumbo a 10% (1 ml). A formação de um precipitado amarelo indica um teste positivo para flavonóides.

k. Deteção de óleos e gorduras fixos

Os óleos e gorduras fixos foram detectados pelo teste de saponificação da seguinte forma. Uma pequena quantidade de sumo bruto (1 ml) foi misturada com algumas gotas de hidróxido de potássio alcoólico 0,5N. A mistura foi aquecida num banho de água durante 1 h. A formação de sabão indica a presença de óleos e gorduras fixos.

l. Deteção de triterpenóides

O método de Salkowski foi utilizado para a deteção de triterpenóides da seguinte forma. Misturou-se uma alíquota de sumo bruto (1 ml) com clorofórmio (2 ml) e adicionou-se cuidadosamente H_2SO_4 concentrado (3 ml). O aparecimento de uma cor castanha-avermelhada na interface indica a presença de triterpenóides.

m. Deteção de antocianinas

Uma porção de sumo de romã (1 ml) foi misturada com HCl (2 ml) e NH3 (2 ml). O aparecimento de uma cor vermelho-rosa que se torna azul-violeta indica a existência de antocianinas.

n. Deteção de cumarinas

Adicionou-se hidróxido de sódio (3 ml, 10%) ao sumo bruto (1 ml). A formação de uma cor amarela indica a presença de cumarinas.

9. Análise de compostos fenólicos por cromatografia líquida de alta resolução (HPLC)

Os compostos fenólicos dos sumos brutos das folhas e cascas de romã foram identificados por um sistema HPLC com uma coluna de fase reversa ZORBAX SB-C18 (250 x 4,6 mm i.d., tamanho de partícula de 5 μm (Agilent, EUA) e detetor UV regulado para 280 nm (Hewlett-Packard, Pale Alto, A). A eluição foi efectuada utilizando uma fase móvel constituída por água: ácido acético (98:2, vV como solvente A) e metanol / acetonitrilo (50:50, vV como solvente B), começando com 5% B e aumentando para níveis de 30% durante 25 min a um caudal de 1,0 ml/min. As amostras de sumo e a fase móvel foram filtradas através de um filtro Millipore de 0,45 μm antes da análise por HPLC. A quantificação dos compostos fenólicos foi efectuada num comprimento de onda de 280 nm, utilizando ácido gálico, 3-hidroxi-tirosol, ácido protocatchuico, catequina, catecol, ácido clorogénico, ácido cafeico, ácido vanílico, cafeína, ácido ferúlico, oleuropeína, cumarina e quercetina. O tempo de retenção e a área do pico (%) foram utilizados para calcular as concentrações de compostos fenólicos através do sistema de dados Hewlett Packard. Cada amostra de sumo da folha e da casca da romã foi analisada em triplicado e os valores médios são apresentados no texto.

10. Teor fenólico total (TPP)

Os compostos fenólicos totais nos sumos brutos foram determinados pelo método Folin-Ciocalteau (El-falleh et al., 2012). Uma alíquota da amostra de sumo (0,2 ml) foi misturada com 0,5 ml de reagente de Folin-Ciocalteau e, em seguida, 4 ml de carbonato de sódio (1M) e deixada em repouso durante 30 minutos à temperatura ambiente. A absorvância foi medida a 750 nm utilizando um espetrofotómetro (Beckman, DU 7400 USA). O teor de TPP no sumo foi calculado e expresso como equivalente de ácido gálico por g de peso seco (mg GAE/g DW) por referência à equação de regressão da curva padrão (Y = 0,018x - 0,039, R^2 = 0,986).

11. Teor total de flavonóides (TF)

O método colorimétrico do cloreto de alumínio (El-falleh et al., 2012) foi utilizado para a determinação do teor total de flavonóides dos sumos em bruto. Uma alíquota do sumo bruto (0,5 ml) foi misturada com nitrito de sódio (0,3 ml, 0,5%) durante 5 minutos e, em seguida, foi adicionado cloreto de alumínio (0,3 ml, 10%). Após 6 minutos, a reação foi interrompida pela adição de hidróxido de sódio (2 ml, 4%). O volume total foi completado até 10 ml com água destilada. A absorvância foi registada a 510 nm utilizando concentrações conhecidas de quercetina. A concentração de flavonóides nas amostras de sumo foi calculada a partir da equação de regressão do gráfico de calibração (Y=0,010x-0,143, R^2 =0,989) e expressa em mg de equivalente de quercetina /g de amostra de peso seco.

12. Teor de taninos totais (TT)

O teor de taninos totais dos sumos brutos de folhas e cascas de romã foi determinado de acordo com o método de Mohammed e Abd Manan (2015). Uma alíquota do sumo bruto (0,1 ml) foi misturada com o reagente Folin-Ciocateau (0,5 ml), seguido de uma solução de Na2CO3 (1 ml, 35% p/v) e completada até 10 ml com água destilada. A mistura foi incubada durante 30 minutos à temperatura ambiente. A absorvância foi medida a 725 nm em relação ao branco do reagente. Os taninos totais foram expressos como equivalentes ao ácido tânico (mg TAE/g DW) por referência à equação de regressão da curva padrão (Y = 0,007x + 0,4108, R^2 = 0,9869).

13. Teor total de antocianinas (TA)

A TA foi estimada pelo método diferencial de pH utilizando dois sistemas tampão. Tampão de cloreto de potássio (pH 1,0, 0,025 M) e tampão de acetato de sódio (pH 4,5, 0,4 M) (El-falleh et al., 2012). Resumidamente, uma alíquota da amostra de sumo de romã (0,4 ml) foi misturada com 3,6 ml dos tampões correspondentes e lida contra água como um branco a 510 e 700 nm. A absorvância (A) foi calculada como:

A= [(A_{510nm} _A_{700nm}) pH $_{1,0}$ _ (A_{510nm} _ A_{700nm}) pH $_{4,5}$].

O TA das amostras (mg cianidina-3-glucósido/L de PJ) foi calculado pela seguinte equação:

$$TA = (A \times MW \times DF \times 100) \times 1/MA$$

Onde:

A: absorvância; MW: massa molecular (449,2 g/mol); DF: fator de diluição (10); MA: coeficiente de absorvência molar do cianidina-3-glucósido (26,900).

Os resultados foram expressos em mg de equivalente de cianidina-3-glucósido por DW (mg CGE/g DW).

Foram efectuadas medições em triplicado e calculados os valores médios.

14. Atividade antioxidante

a. Ensaio de 2, 2-difenil-1-picril-hidrazil (DPPH)

A atividade de eliminação do radical 2, 2-difenil-1-picril-hidrazil (DPPH) dos sumos brutos de folhas e cascas de romã foi determinada segundo o método de Rajan et al. (2011). O sumo bruto de diferentes concentrações foi misturado com uma alíquota de DPPH (1 ml, 0,004% p/v). A mistura foi vigorosamente agitada e deixada a repousar durante 30 minutos no escuro à temperatura ambiente. A absorvância a 517 nm foi registada para determinar a concentração remanescente de DPPH. A atividade de eliminação do radical foi calculada como % de inibição pela seguinte fórmula:

Inibição (%) = (A controlo - A ensaio) / A controlo X 100.

Onde;

Um controlo = a absorvância da reação de controlo.

Um teste = a absorvância dos sumos brutos das folhas e cascas de romã.

O ácido ascórbico foi utilizado como composto de referência.

As concentrações efectivas a 50% (IC_{50}) foram calculadas a partir das equações de regressão dos gráficos de calibração (Y = 98,6x +28,82, R^2 = 0,965 e Y = 86,6x + 41,27, R^2 = 0,966 para as cascas e os sumos de folhas, respetivamente) para denotar a concentração efectiva de uma amostra necessária para diminuir em 50% a absorvância a 517 nm.

b. Ensaio de poder redutor

Os poderes redutores das cascas de romã e dos sumos brutos das folhas foram realizados conforme descrito por Rajan et al. (2011). Uma alíquota do sumo bruto (1 ml) foi misturada com 2,5 ml de tampão fosfato (0,2 M, pH 6,6) e 2,5 ml de ferricianeto de potássio (10 g/L), depois a mistura foi incubada a 50°C durante 20 min. Adicionou-se ácido tricloroacético (2,5 ml, 10%) à mistura e centrifugou-se a 1000 xg durante 10 minutos. Finalmente, 2,5 ml da solução sobrenadante foram misturados com 2,5 ml de água destilada e 0,5 ml de FeCl3 (1g/L) e a absorvância foi medida a 700 nm utilizando um espetrofotómetro (Beckman, DU 7400 USA).

O ácido ascórbico foi utilizado como padrão e o tampão fosfato como solução em branco. A absorvância da mistura de reação final de duas experiências paralelas foi expressa como média ± desvio-padrão.

A atividade antioxidante do sumo foi expressa como IC50 e comparada com o padrão. A equação dos gráficos de calibração do ácido ascórbico foi ($Y = 0,0631x + 0,05$, $R^2 = 0,9843$).

Todas as medições foram efectuadas em triplicado.

15. Determinação do período de indução do óleo de girassol pelo aparelho rancimat

O Rancimat 679 (Metrohm Ltd., CH-9100 Herisau, Suíça) foi utilizado para a determinação das estabilidades oxidativas dos compostos do sistema modelo de óleo de girassol misturado com cascas e sumos de folhas a vários níveis (100, 200 e 400 ppm) obtidos a partir de órgãos de plantas de romã. Outro sistema modelo consiste em BHT (200 ppm) e óleo de girassol e foi realizado para comparar a eficácia dos sumos brutos e do BHT na estabilidade do óleo de girassol. As amostras de óleo (5 g cada) foram expostas a uma corrente de oxigénio atmosférico a 100 °C ± 2 °C. Os produtos voláteis da decomposição foram detectados com uma célula de condutividade (Mendez et al., 1996). A designação de um período de indução, medido com o instrumento rancimat, foi utilizada como ferramenta para comparar a eficácia dos sumos de plantas na estabilidade do óleo de girassol. O período de indução para cada sistema modelo foi avaliado em triplicado.

16. Análise estatística

O teste de diferença mínima significativa (L.S.D) foi aplicado para comparar a diferença entre os tratamentos. As letras (a, b, c e d) foram utilizadas para indicar diferenças estatisticamente significativas entre os dados do presente trabalho. Todas as análises foram efectuadas em triplicado e os dados apresentados como ± erro padrão (SE). Os dados foram submetidos a uma análise de variância (ANOVA). Os limites de confiança neste estudo foram baseados em (P < 0,01). A análise de variância e os testes de diferença menos significativa (LSD) foram usados para comparar os valores médios dos parâmetros estudados usando o SPSS (Statistical Program for Social Sciences, SPSS Corporation, Chicago, IL, EUA) versão 17.0 para Windows e ASSISTAT Versão 7.7 beta (2014).

CAPÍTULO 4

RESULTADOS E DISCUSSÃO

As potenciais propriedades terapêuticas da romã são muito variadas e incluem o tratamento e a prevenção do cancro, doenças cardiovasculares, diabetes, problemas dentários e proteção contra a radiação ultravioleta (UV). Outras aplicações potenciais incluem a isquémia cerebral infantil, a doença de Alzheimer, a infertilidade masculina, a artrite e a obesidade (Lad e Frawley, 1986; Caceres et al., 1987; Schubert et al., 1999; Saxena e Vikram, 2004 e Lansky e Newman, 2007).

Vários investigadores têm estudado os constituintes e as caraterísticas da seiva interna das partes da planta da romã através da extração com diferentes solventes de polaridades variadas (Miguel et al., 2004, Tiwari et al., 2011 e Bhandary et al., 2012). No presente trabalho, a seiva interna da planta da romã foi obtida por prensagem mecânica sem recurso a solventes. É de salientar que as partes botânicas da romã são órgãos naturais seguros, obtidos a partir da poda anual das romãzeiras e considerados resíduos.

É sabido que alguns solventes podem ter efeitos secundários nocivos para a saúde humana. Por conseguinte, o principal objetivo do presente trabalho foi obter a seiva interna da romã na sua forma nativa para determinar as quantidades de polifenóis, flavonóides e substâncias redutoras. Além disso, o trabalho foi alargado para avaliar a atividade das cascas de romã e dos sumos brutos das folhas como antioxidantes naturais. Tendo em conta todos estes factos, o presente estudo foi concebido para investigar a composição química bruta, o rastreio fitoquímico, a caraterização de fenóis e flavonóides totais, qualitativa e quantitativamente por HPLC e a atividade antioxidante de sumos brutos de folhas e cascas de romã.

1. Determinação de algumas das caraterísticas químicas do óleo de girassol

   a. Determinação do valor ácido (AV)

   A tabela 1 mostra o valor de acidez do óleo de girassol. Os dados indicam que o valor de acidez do óleo de girassol foi de 0,36 mg KOH g^{-1} de óleo e isso indica que o óleo de girassol é de boa qualidade.

b. Determinação do índice de peróxidos (PV)

O quadro 1 apresenta o índice de peróxidos do óleo de girassol. Os dados indicam que o índice de peróxidos do óleo de girassol foi de 0,94 meq kg⁻¹ oil e isso indica que o óleo de girassol é de boa qualidade.

Os valores de acidez e de peróxidos do óleo de girassol acima referidos estão em conformidade com os dados da legislação e da regulamentação relativa às gorduras e aos óleos referidos por Firestone et al. (1991).

Quadro 1. Valores de acidez e de peróxidos do óleo de girassol

Parameter	Value
Acid value (mg KOH g⁻¹ oil)	0.36
Peroxide value (meq kg⁻¹)	0.94

2. Composição química bruta dos sumos brutos de folhas e cascas de romã

A análise da composição química das cascas de romã e dos sumos brutos das folhas revelou 83,42% (97,12%) de humidade, 0,02% (0,04%) de óleos brutos, 1,57% (1,1%) de proteínas brutas, 2,06% (0,12%) de cinzas, 8,88% (0,00%) de fibras brutas e 4,05% (1,62%) de hidratos de carbono. Os valores correspondentes para o sumo de folhas em bruto são apresentados entre parênteses. Estes valores demonstram que o sumo bruto das cascas continha quantidades elevadas de proteínas brutas e de hidratos de carbono hidrolisáveis totais, sendo 1,42 e 2,5 vezes superiores aos do sumo bruto das folhas, respetivamente. É de salientar que o sumo de folhas foi

isento de fibras brutas. No entanto, o último parâmetro estava presente no sumo de cascas em bruto como um constituinte menor (< 10% - > 1%). Os presentes dados indicam que o sumo bruto de cascas pode ser utilizado como uma boa fonte de fibras brutas e de hidratos de carbono hidrolisáveis totais.

Tanto quanto sabemos, este é o primeiro relatório sobre a composição química bruta dos sumos brutos de romã das cascas e das folhas. Outras investigações trataram de certas fracções de seiva interna da romã extraídas por solventes de diferentes polaridades.

Quadro 2. Composição química bruta (%) dos sumos brutos das folhas e das cascas de romã.

Component (%)	Gross chemical components (%)*	
	pomegranate peels crude juice	pomegranate leave crude juice
Moisture	83.42 ± 0.214^b	97.12 ± 0.214^a
Ash	2.06 ± 0.303^a	0.12 ± 0.303^b
Crude proteins	1.57 ± 0.103^a	1.10 ± 0.103^b
Crude oils	0.02 ± 0.003^b	0.04 ± 0.003^a
Crude fibers	8.88 ± 0.404^a	0.00 ± 0.404^b
Total hydrolysable carbohydrates	4.05 ± 0.038^a	1.62 ± 0.038^b

* Os resultados obtidos para os componentes químicos brutos (%) representam a média de determinações em triplicado

3. Sólidos solúveis totais (SST)

A tabela 3 mostra os sólidos solúveis totais dos sumos brutos de cascas de romã e de folhas. Os dados indicam que o sumo bruto das cascas de romã apresenta sólidos solúveis totais (13,5 °B) superiores aos do sumo bruto das folhas (3 °B).

Tabela 3. Sólidos solúveis totais (SST) dos sumos brutos de folhas e cascas de romã

Sample	Total soluble solids (°B)
Peels crude juice	13.5
Leave crude juice	3

4. Rastreio fitoquímico qualitativo de sumos brutos de romã

O rastreio fitoquímico registou a presença de substâncias farmacologicamente importantes (hidratos de carbono, açúcares redutores, glicosídeos, proteínas, aminoácidos, compostos fenólicos, taninos, alcalóides, flavonóides, saponinas, antocianinas, cumarina, triterpenóides, esteróis e óleos). Os taninos são conhecidos pelas suas propriedades antioxidantes e antimicrobianas, bem como pelo seu alívio calmante, regeneração da pele, efeitos anti-inflamatórios e diuréticos, tendo sido relatado que aceleram a cicatrização de feridas e membranas mucosas inflamadas (Okwu e Okwu, 2004). Os flavonóides são conhecidos pela sua atividade antioxidante e, por isso, ajudam a proteger o corpo contra o cancro e outras doenças degenerativas como a artrite e a diabetes mellitus tipo II (Lee e shibumoto, 2002). As saponinas são utilizadas como detergente suave e na coloração histoquímica intracelular para permitir o acesso dos anticorpos às proteínas intracelulares. É de grande importância na medicina porque é fonte de agentes antioxidantes, anticancerígenos, anti-inflamatórios e de perda de massa corporal. As saponinas são expectorantes, supressoras da tosse e administradas para actividades hemolíticas (Okwu, 2005). Os esteróis aumentam a síntese muscular e óssea (Rossier, 2006) e estão também associados ao controlo hormonal nas mulheres e regulam o metabolismo dos hidratos de carbono e das proteínas e possuem propriedades anti-inflamatórias. Os compostos fenólicos são agentes antimicrobianos, pelo que são amplamente utilizados em desinfecções e continuam a ser o padrão com o qual outros bactericidas são comparados (Okwu, 2005).

A identificação de fitoquímicos nos sumos das cascas e folhas de romã é um ponto de partida crucial para avaliar os seus aspectos nutricionais, biológicos e tecnológicos. O quadro 4 apresenta as análises fitoquímicas qualitativas dos sumos brutos das folhas e cascas de romã. Cada sumo foi analisado quanto à presença das principais famílias de fitoquímicos, ou seja, hidratos de carbono, açúcares redutores, glicosídeos, proteínas, aminoácidos, compostos fenólicos, taninos, alcalóides, flavonóides, saponinas, antocianinas, cumarina, triterpenóides, esteróis e óleos. Em geral, existem grandes diferenças de fitoquímicos entre as partes botânicas da romã (folhas e cascas). O sumo bruto das cascas de romã contém hidratos de carbono, açúcares redutores e compostos fenólicos como constituintes principais. As proteínas, os aminoácidos, os taninos, as cumarinas, as antocianinas e os flavonóides estavam presentes no sumo bruto das cascas de romã como componentes moderados. Por outro lado, os glicosídeos, esteróis, triterpenóides, alcalóides e saponinas estavam presentes como substâncias menores e vestigiais, respetivamente.

É interessante notar que o sumo bruto das cascas de romã da cultivar Wonderful continha quantidades mais elevadas de hidratos de carbono, proteínas, fenólicos e taninos do que o sumo bruto das folhas. Por outro lado, as partes botânicas da romã (folhas e cascas) continham quantidades quase iguais de glicosídeos, aminoácidos, alcalóides, esteróis e óleos fixos. Além disso, a quantidade de saponinas do sumo bruto das folhas era superior à do sumo bruto das cascas.

A este respeito, El-falleh et al., (2012) indicaram que os níveis de fitoquímicos da romã diferiam consoante os solventes utilizados para extrair estes compostos. Além disso, a composição dos sumos de romã depende do tipo de cultivar, do ambiente, da pós-colheita e dos factores de processamento (Houston, 2005). Vale a pena mencionar que os dados do presente trabalho sugerem que o sumo bruto das cascas de romã pode ser aplicado na prática como suplemento alimentar, para retardar a oxidação do óleo e para curar certas doenças através da sua propriedade de eliminação de radicais livres. Os testes preliminares de rastreio fitoquímico podem ser úteis na deteção dos princípios bioactivos e, subsequentemente, podem conduzir à descoberta e ao desenvolvimento de medicamentos. Além disso, estes testes facilitam a estimativa qualitativa e a separação quantitativa de compostos químicos farmacologicamente activos (Varadarajan et al., 2008). Em geral, os sumos brutos das folhas e cascas de romã em estudo continham um grande número de compostos bioactivos. Importa recordar que os metabolitos bioactivos num extrato de planta também variam consideravelmente com o método/solvente de extração (Marston et al., 1993 e Clark et al., 1997).

O rastreio fitoquímico das cascas de romã e dos sumos brutos das folhas mostrou que são ricos em hidratos de carbono, açúcares redutores, aminoácidos, compostos fenólicos e cumarinas, que são constituintes comuns de muitos medicamentos à base de plantas preparados tradicionalmente. A presença destes compostos nas plantas tem sido atribuída às suas actividades biológicas.

Os rastreios fitoquímicos dos sumos brutos de romã da presente investigação coincidiram com os resultados comunicados por Farag et al. (2014).

Tabela 4. Rastreio fitoquímico qualitativo dos sumos brutos das folhas e cascas da romã.

Compound detected	Inference	
	Peels crude juice	Leave crude juice
Carbohydrates	4+ ve	3+ve
Reducing sugars	4+ve	3+ve
Proteins	3+ve	2+ve
Amino acids	3+ve	3+ve
Phenolic compounds	4+ve	3+ve
Tannins	3+ve	2+ve
Flavonoids	3+ve	2+ve
Coumarins	3+ve	3+ve
Anthocyanins	3+ve	2+ve
Alkaloids	+ve	+ve
Glycosides	2+ve	2+ve
Saponins	+ve	3+ve
Triterpenoids	2+ve	2+ve
Sterols	2+ve	2+ve
Fixed oils	-ve	+ve

Os símbolos: 4+, 3+, 2 +, + e - referem-se a quantidades notáveis, moderadas, ligeiras, vestigiais e ausentes, respetivamente.

5. Análise qualitativa e quantitativa de polifenóis em sumos brutos de romã por HPLC

A cromatografia líquida de alta eficiência (HPLC) foi utilizada para a identificação e análise quantitativa dos compostos polifenólicos das cascas de romã e dos sumos brutos das folhas. Os tempos de retenção dos componentes fenólicos autênticos disponíveis foram utilizados para caraterizar os componentes fenólicos dos sumos de romã em estudo. As figuras 2 e 3 e a tabela 5 apresentam a composição dos compostos polifenólicos das amostras de sumo das folhas e cascas de romã.

Os fenólicos das cascas de romã e dos sumos brutos das folhas foram fraccionados em 12 e 6 componentes diferentes, respetivamente, por HPLC, dos quais 51,499% e 44,697% foram caracterizados. A falta de certos equipamentos, ou seja, o espetrómetro de massa, e de algumas substâncias autênticas impediu a identificação completa dos componentes das cascas de romã e dos sumos brutos das folhas. Em geral, a composição das substâncias polifenólicas do sumo das folhas era bastante mais simples do que a do sumo das cascas.

43

Para simplificar, os níveis de concentração dos componentes polifenólicos podem ser divididos em 3 categorias, ou seja, maiores (>10%), menores (<10% - >1%) e componentes vestigiais (<1%). Assim, o sumo bruto da folha da cultivar Wonderful continha 3-hidroxi tirosol e ácido gálico como componentes principais. A quantidade do primeiro composto era cerca de 1,31 vezes superior à do segundo. A catequina, o ácido clorogénico, o ácido cafeico e a cumarina estavam presentes como constituintes menores. A ordem de concentração destas substâncias no sumo bruto de folhas pode ser organizada da seguinte forma Catequina (5,809 %) > ácido cafeico (4,806%) > ácido clorogénico (4,207%) > cumarina (3,226 %). Estes resultados concordam com as conclusões de El-Khateeb et al. (2013), que demonstraram que o extrato metanólico da folha de romã continha ácido gálico, catequina, cumarina e outros compostos polifenólicos.

O sumo de casca de romã em bruto contina ácido gálico e protocatecuico como substâncias principais. Os compostos fenólicos: catequina, catecol, ácido clorogénico, ácido cafeico, vanílico, cafeína, ácido ferúlico e cumarina estavam presentes como constituintes menores. Por outro lado, a oleuropeína e a quercetina estavam presentes como vestígios. Observando os constituintes químicos fenólicos das cascas e dos sumos brutos da romã, podem deduzir-se os seguintes pontos. O ácido gálico e a cumarina estavam presentes em quantidades quase iguais em ambos os sumos. O sumo das folhas continha catequina, ácido clorogénico e ácido cafeico em quantidades cerca de duas vezes superiores às do sumo das cascas. Estes resultados são semelhantes às conclusões de Ali et al. (2014) e Li et al. (2015).

Os seguintes compostos: ácido protocatecuico, catecol, ácido vanílico, cafeína, ácido ferúlico, oleuropeína e quercetina estavam presentes no sumo bruto das cascas e não no sumo bruto das folhas. Estes resultados demonstram que existiam grandes diferenças entre os componentes fenólicos dos sumos brutos das cascas e das folhas da romãzeira.

Vários autores estudaram os polifenóis das partes botânicas da romã em diferentes regiões de cultivo utilizando HPLC. Por exemplo, Akbarpour et al. (2009) verificaram que o teor de ácido elágico do sumo e da casca variava entre 1-2,38 mg/100 ml e 1050,00 mg/100 g, respetivamente. El-Khateeb et al. (2013) mencionaram que o extrato metanólico da folha de romã continha ácido protocatecuico, catequina, ácido p-hidroxibenzóico, ácido p-cumárico, ácido o-cumárico e cumarina com diferentes concentrações. Ali et al. (2014) mostraram que os frutos da romã continham três compostos fenólicos principais no extrato metanólico da casca. Os compostos

44

fenólicos: ácido clorogénico, rutina e ácido cumárico estão presentes predominantemente no extrato da casca quando analisados por HPLC acoplado à deteção por matriz de díodos.

Al-Rawahi et al. (2014) mencionaram que a análise por HPLC revelou a presença de 61 polifenóis diferentes no extrato, entre os quais 12 ácidos hidroxicinâmicos, 14 taninos hidrolisáveis, 9 ácidos hidroxibenzóicos, 5 ácidos hidroxibutanodióicos, 11 ácidos hidroxiciclohexanocarboxílicos e 8 hidroxifenilos. Além disso, Zhao et al. (2014) analisaram quatro cultivares chinesas de romã (Punica granatum L.) para os seus flavonóis e flavonas individuais (em extractos de casca de fruta) utilizando HPLC com alterações nos flavonóis e flavonas como ocorrendo durante o desenvolvimento da fruta. Os resultados revelaram a presença de kaempferol, quercetina, miricetina, luteolina e apigenina nas quatro cultivares. Vale a pena mencionar que os resultados de HPLC em estudo concordaram muito bem com os dados de Farag et al. (2014).

Parece existir uma relação entre as estruturas químicas das moléculas fenólicas nas cascas e nos sumos de folhas da romã e a sua atividade antioxidante. O número de grupos OH e a localização no anel aromático têm um efeito profundo no fenómeno antioxidante. É de salientar que algumas investigações estabeleceram que o ácido clorogénico e os flavonóides, em particular a quercetina e os seus derivados glicosídicos, são os principais compostos responsáveis pelas propriedades antioxidantes (Silvia et al., 2011). Estas classes de compostos possuem um amplo espetro de actividades biológicas, incluindo propriedades de eliminação de radicais (Balasundram et al., 2006).

Em geral, este ponto necessita de mais investigação para elucidar o efeito de cada composto fenólico e a sua concentração no fenómeno antioxidante.

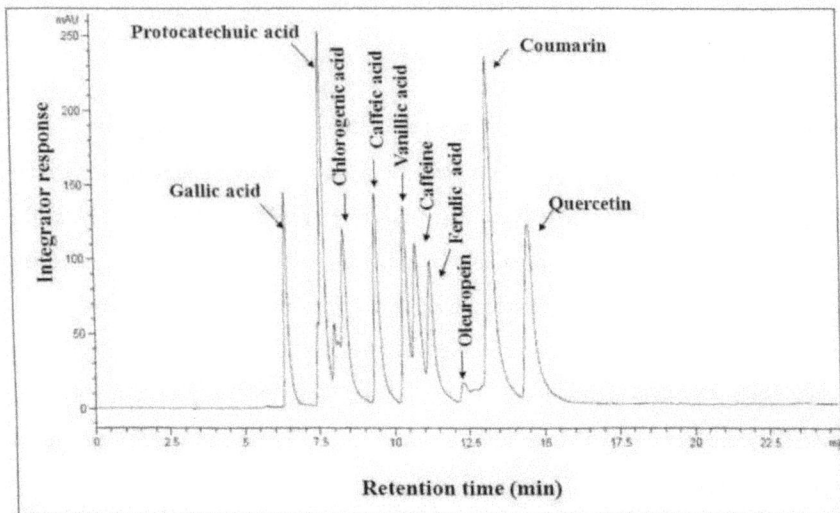

Fig. 1. HPLC - cromatograma dos compostos fenólicos padrão.

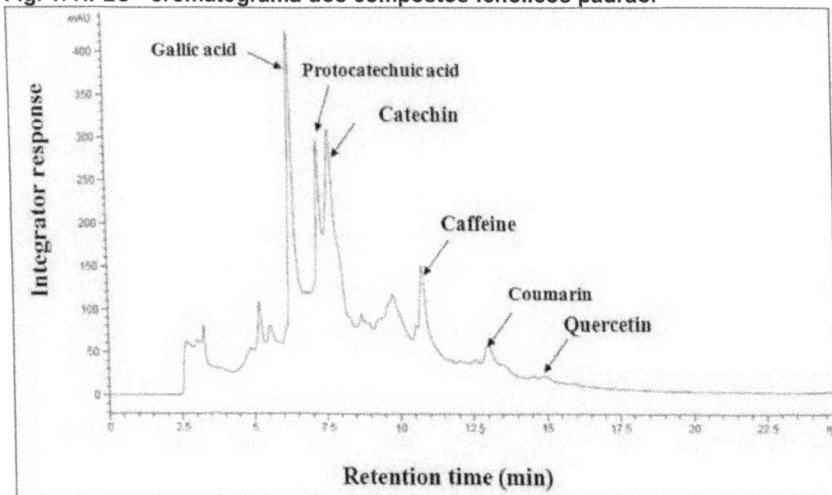

Fig. 2. HPLC - cromatograma dos componentes básicos do sumo bruto das cascas de romã.

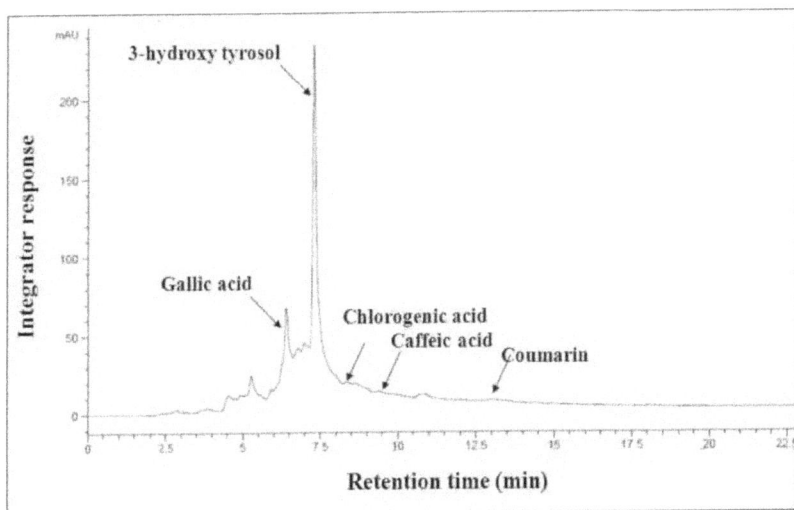

Fig. 3. HPLC - cromatograma dos componentes básicos do sumo bruto de folhas de romã.

Table 5. Composição (%) dos compostos polifenólicos das cascas de romã e dos sumos brutos das folhas.

Phenolic compound	Composition (%)	
	Peels crude juice	Leave crude juice
Gallic acid	12.732	11.513
3-hydroxy tyrosol	NP	15.136
Protocatechuic acid	13.061	NP
Catechin	2.979	5.809
Catechol	2.654	NP
Chlorogenic acid	2.119	4.207

Caffeic acid	2.473	4.806
Vanillic acid	3.466	NP
Caffeine	5.778	NP
Ferulic acid	1.671	NP
Oleuropein	0.531	NP
Coumarin	3.181	3.226
Quercetin	0.854	NP
Unidentified	48.501	55.303

NP refere-se a não presente

6. Fenólicos totais e flavonóides de sumos brutos de folhas e cascas de romã

Os flavonóides e os compostos fenólicos são um grupo importante de compostos que actuam como antioxidantes primários ou eliminadores de radicais livres. Uma vez que estes compostos foram encontrados nos extractos, podem ser responsáveis pela potente capacidade antioxidante dos sumos brutos de romã. Os compostos fenólicos estão amplamente distribuídos no reino vegetal. Estes compostos funcionam como antioxidantes importantes devido à sua capacidade de doar um átomo de hidrogénio ou um eletrão para formar intermediários radicais estáveis. Assim, impedem a oxidação de várias moléculas biológicas (Cuvelier et al., 1992).

A Fig. 4 e o Quadro 6 apresentam as quantidades de polifenóis e flavonóides totais dos sumos brutos das folhas e das cascas da romã. Os dados demonstram que os níveis de polifenóis e flavonóides variam consoante a parte botânica da romã. O sumo das cascas continha quantidades mais elevadas de polifenóis e flavonóides totais, sendo cerca de 1,22 e 1,43 vezes superiores às do sumo das folhas, respetivamente. Resultados semelhantes foram obtidos por El-falleh et al., (2012). É de salientar que os compostos fenólicos são componentes importantes, uma vez que os alimentos ricos em fenóis retardam a progressão da arteriosclerose e reduzem a incidência de doenças cardíacas (Gil et al., 2000; Miguel et al, 2004 e Houston, 2005).

48

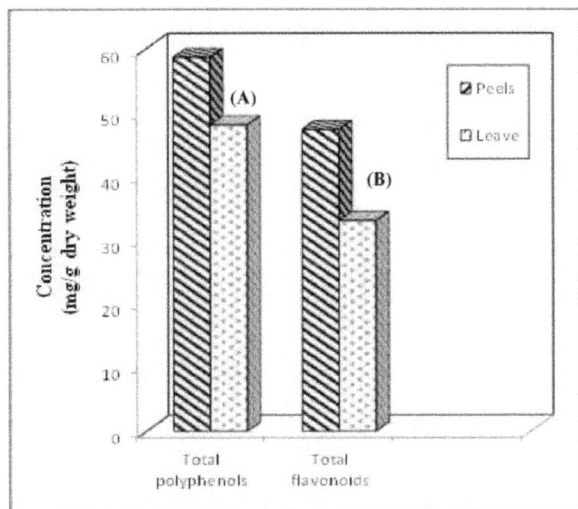

Fig. 4. Teores de polifenóis totais (A) e flavonóides totais (B) das cascas de romã e dos sumos brutos das folhas

7. Taninos totais e antocianinas de sumos brutos de folhas e cascas de romã

As antocianinas são pigmentos solúveis em água responsáveis pela cor vermelha brilhante do sumo de romã. Noda et al. (2002) referiram que as três principais antocianinas encontradas no sumo de romã eram a delfinidina, a cianidina e a pelargonidina. Os dados da Fig. 5 e do Quadro 6 indicam que os teores de taninos totais e de antocianinas totais dos sumos brutos das cascas e das folhas foram 157,64, 136,27 e 53,23, 41,39, respetivamente. Estes resultados indicaram que o sumo bruto de cascas tinha valores mais elevados, sendo 1,16 e 1,29 vezes mais elevado do que o sumo bruto de folhas, respetivamente. As conclusões de El-falleh et al. (2012) concordam bastante bem com os presentes dados, em que o sumo bruto de cascas continha quantidades mais elevadas de antocianinas do que o sumo bruto de folhas.

O resultado do presente estudo demonstra que o sumo bruto das cascas de romã pode ser utilizado basicamente como um composto antibacteriano e antioxidante para utilização na indústria alimentar.

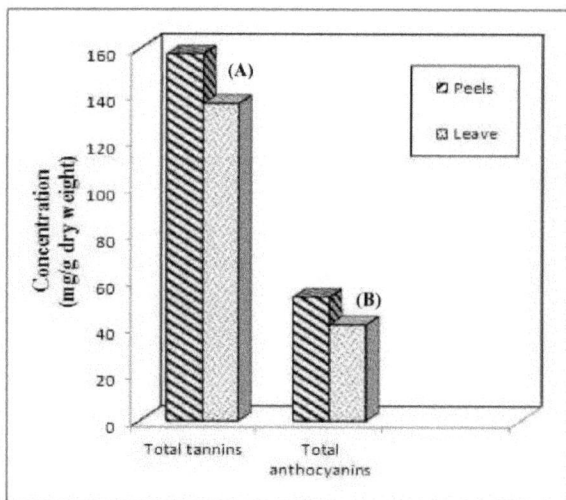

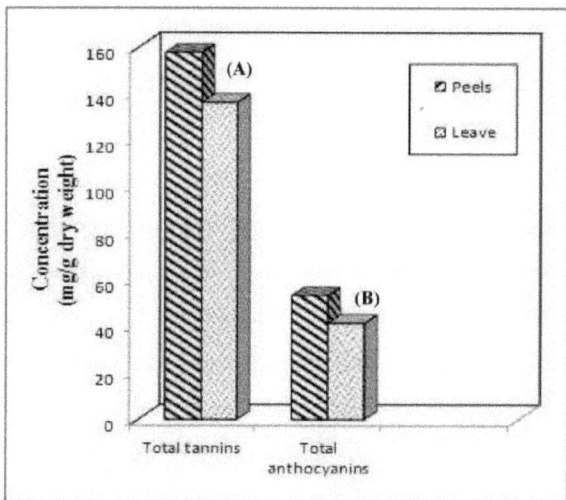

Fig. 5. Teor total de taninos (A) e antocianinas totais (B) das cascas de romã e dos sumos brutos das folhas

Table 6.   Teores totais de polifenólicos, flavonóides, taninos e antocianinas dos sumos brutos das folhas e cascas de romã.

Parameter	Peels crude juice	Leave crude juice
Total polyphenolics (TPP) (GAE mg/g dry weight)	59.50 ± 1.219^a	47.08 ± 1.219^b
Total flavonoids (TF) (Q E mg/g dry weight)	48.22 ± 0.449^a	34.00 ± 0.449^b
Total tannins (TT) (TAE mg/g dry weight)	157.664 ± 2.436^a	136.265 ± 2.436^b
Total anthocyanins (TA) (mg CGE/g dry weight)	53.234 ± 1.066^a	41.391 ± 1.066^b

Os valores são médias de três réplicas de cada parâmetro ± erro padrão
As médias dentro de cada linha seguidas pela mesma letra não são significativamente diferentes a $p < 0,01$.
GAE, QE, TAE e CGE referem-se ao ácido gálico, à quercetina, ao ácido tânico e à cianidina-3-glicosídeo, respetivamente.

8. Atividade antioxidante dos sumos de romã na estabilidade do óleo de girassol

Os óleos alimentares com teores mais elevados de ácidos gordos insaturados, especialmente de ácidos gordos polinsaturados, são mais susceptíveis à oxidação. A oxidação lipídica dos óleos não só pode produzir odores rançosos, sabores desagradáveis e descoloração, como também pode diminuir a qualidade nutricional e a segurança devido aos produtos de degradação, resultando em efeitos nocivos para a saúde (Lercker e Rodriguez-Estrada, 2000).

Atualmente, existe um grande interesse a nível mundial em encontrar antioxidantes novos e seguros a partir de fontes naturais para prevenir a rancidez oxidativa dos alimentos e, por isso, o presente estudo centrou-se na utilização de cascas de romã e de sumos brutos que contêm polifenóis e flavonóides, que não têm um odor indesejável quando inalados pelo nariz ou um sabor indesejável na língua. Foram descritos vários métodos para medir a estabilidade dos óleos comestíveis. A estabilidade oxidativa dos óleos e gorduras com antioxidantes adicionados pode ser determinada durante o armazenamento em condições ambientais normais e durante o acondicionamento. No entanto, em geral, a oxidação pode demorar muito tempo a ocorrer, por exemplo, de alguns dias a alguns meses, o que é impraticável para análises de rotina.

A extensão da oxidação nos óleos tem sido frequentemente avaliada através da medição do índice de peróxidos (PV). Este índice está relacionado com os hidroperóxidos, os produtos de oxidação primários que são instáveis e se decompõem rapidamente para formar principalmente misturas de compostos aldeídicos voláteis. Os compostos de degradação oxidativa que derivam da degradação dos hidroperóxidos são geralmente designados por produtos oxidativos secundários, que são determinados em óleos e gorduras pelo método do ácido tiobarbitúrico (TBA), a fim de ultrapassar os problemas de estabilidade dos óleos e gorduras. Os antioxidantes sintéticos, tais como o butil-hidroxianisol (BHA), o butil-hidroxitolueno (BHT) e a terc-butil-hidroquinona (TBHQ), são amplamente utilizados como aditivos alimentares em muitos países. Relatórios recentes revelam que estes compostos podem estar implicados em muitos riscos para a saúde, incluindo o cancro e a carcinogénese (Prior, 2004). Por conseguinte, existe uma tendência para a utilização de antioxidantes naturais de origem vegetal para substituir estes antioxidantes sintéticos.

Antioxidantes naturais como flavonóides, taninos, cumarinas, curcuminóides, xantonas, fenólicos, lignanas e terpenóides encontram-se em vários produtos vegetais (como frutos, folhas, sementes e óleos) (Farag et al., 2003 e Jeong et al., 2004) e são conhecidos por protegerem da oxidação os constituintes facilmente oxidáveis dos alimentos.

O número de estudos sobre fontes residuais de antioxidantes tem aumentado consideravelmente nos últimos anos (Moure et al., 2001). Farag et al. (2003) verificaram que os antioxidantes obtidos a partir do sumo de folhas de oliveira abrandavam o processo de rancidez do azeite mais do que o BHT. Salientaram o elevado potencial deste sumo na prevenção da rancidez do azeite. Os compostos antioxidantes do sumo de folhas de oliveira podem não só aumentar a estabilidade dos alimentos, prevenindo a peroxidação lipídica, mas também proteger as biomoléculas e a estrutura supramolecular, por exemplo, as membranas e os ribossomas, dos danos oxidativos.

No presente trabalho, foram avaliadas as cascas de romã e os sumos brutos das folhas

52

como fonte de antioxidantes naturais. Foram determinados os teores de fenóis totais e flavonóides, uma vez que diferentes compostos antioxidantes têm diferentes mecanismos de ação. Por conseguinte, foram utilizados diferentes métodos para avaliar a eficácia antioxidante do sumo. Além disso, o objetivo deste trabalho foi avaliar a eficácia da oxidação das cascas de romã e dos sumos brutos durante o armazenamento do óleo de girassol.

Algumas evidências sugerem que as acções biológicas dos polifenóis possuem atividade antioxidante (Farag et al., 2003). Assim, o presente estudo foi concebido para avaliar a atividade antioxidante dos sumos brutos das folhas e das cascas. Como salientado por Huang et al. (2005), nenhum método é adequado para avaliar a capacidade antioxidante dos alimentos, uma vez que diferentes métodos podem produzir resultados muito divergentes. Devem ser utilizados vários métodos, baseados em diferentes mecanismos. Assim, o 2, 2-difenil-1-picril-hidrazil (DPPH), o ensaio de poder redutor e a absorção de O_2 pelos sumos brutos de romã foram aplicados para acompanhar o curso da oxidação do óleo de girassol.

a. Ensaio de 2, 2-difenil-1-picril-hidrazil (DPPH)

A capacidade de eliminação de radicais livres das cascas de romã e dos sumos brutos das folhas foi avaliada tendo em conta que o radical DPPH' é normalmente utilizado para avaliar a atividade antioxidante *in vitro*. O DPPH' é um radical livre orgânico muito estável com uma cor violeta profunda que apresenta máximos de absorção no intervalo 515-528 nm. Ao receber protões de qualquer dador de hidrogénio. À medida que a concentração de compostos fenólicos ou o grau de hidroxilação dos compostos fenólicos aumenta, a sua atividade de eliminação do radical DPPH também aumenta e pode ser definida como atividade antioxidante (Zhou e Yu, 2004). Uma vez que os radicais são muito sensíveis à presença de um dador de hidrogénio, todo o sistema funciona a uma concentração muito baixa; pode permitir testar um grande número de amostras em pouco tempo (Zhou e Yu, 2004 e Iqbal *et al.*, 2006).

As capacidades de eliminação do radical DPPH das cascas de romã e dos sumos brutos das folhas, juntamente com o padrão de referência BHT, são apresentadas na Fig. 6 e na Tabela 7. As cascas de romã e os sumos brutos de folhas demonstraram uma atividade de eliminação dependente da concentração, extinguindo os radicais DPPH. As actividades de eliminação do radical DPPH das cascas de romã e dos sumos brutos de folhas aumentam com o aumento do seu teor nestes sumos brutos.

Os resultados do ensaio de eliminação de radicais livres DPPH sugerem que os componentes das cascas de romã e dos sumos brutos das folhas são capazes de eliminar radicais livres através de mecanismos de doação de electrões ou de hidrogénio e, por conseguinte, devem ser capazes de impedir o início de reacções em cadeia mediadas por radicais livres prejudiciais em matrizes susceptíveis, por exemplo, gorduras e óleos.

A atividade de eliminação do radical livre determinada pelo DPPH foi expressa como o valor IC50 (a concentração eficaz do sumo necessária para inibir 50% do radical livre DPPH inicial). Os valores IC50 dos sumos brutos de folhas e cascas são apresentados na Fig. 6 e na Tabela 7. O sumo bruto das cascas possui uma atividade antioxidante mais potente do que o sumo bruto das folhas, sendo aproximadamente 6,59 vezes maior do que a induzida pelo sumo das folhas. Pelo contrário, os dados de El-falleh et al. (2012) indicaram que o extrato aquoso da folha de romã apresenta uma atividade antioxidante mais elevada do que o extrato das cascas. Por outro lado, Singh et al. (2001) referiram que a casca é uma boa fonte de antioxidantes. Além disso, Ardekani et al. (2011) verificaram que a capacidade antioxidante do extrato de casca de romã era 10 vezes superior à do extrato de polpa. Estes resultados reforçam as conclusões do presente estudo.

b. Ensaio de poder redutor

Os poderes redutores dos sumos brutos das cascas de romã e das folhas são apresentados na Fig. 6 e na Tabela 7. O sumo bruto das cascas apresentou um poder redutor mais forte do que o sumo das folhas. Em contraste, El-falleh et al. (2012) referiram que a folha de romã tinha um poder redutor mais elevado do que o extrato da casca. Pode interpretar-se a discrepância no poder redutor à forma de extração das partes botânicas da romã. No presente trabalho, os sumos brutos das cascas e folhas de romã foram obtidos por prensagem, ao contrário do método utilizado em El-falleh et al. (2012), em que a extração foi realizada com metanol.

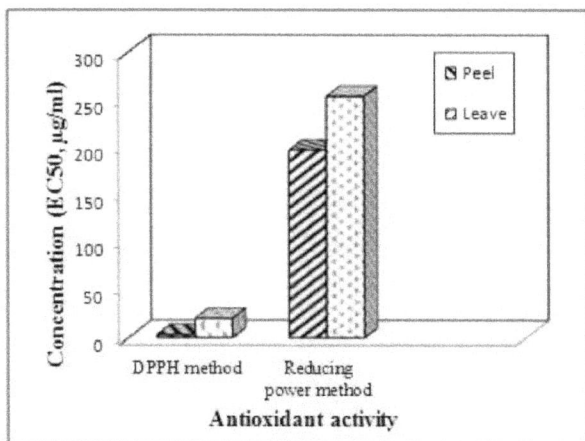

Fig. 6. A atividade antioxidante das cascas de romã e dos sumos brutos das folhas.

Tabela 7. Atividade antioxidante dos sumos brutos de folhas e cascas de romã.

Method	Antioxidant activity	
	Peels crude juice	Leave crude juice
DPPH method ($IC_{50},\mu g/ml$)	3.081 ± 0.009^{b}	20.296 ± 0.005^{a}
Reducing power method ($IC_{50},\mu g/ml$)	197.240 ± 0.577^{b}	254.240 ± 0.577^{a}

Os valores são médias de três réplicas de cada parâmetro ± erro padrão
As médias dentro de cada linha seguidas pela mesma letra não são significativamente diferentes a $p < 0,01$. IC_{50} refere-se à concentração efectiva do sumo necessária para inibir 50% dos radicais.

9. Determinação do período de indução do óleo de girassol pelo aparelho rancimat

As actividades antioxidantes das cascas de romã e dos sumos brutos das folhas foram também avaliadas pelo método rancimat. Este método determinou o período de indução para o início da rancidez oxidativa do óleo de girassol a 100°C. No presente estudo, foram utilizados sistemas-modelo simples, constituídos por óleo de girassol, cascas de romã e sumos de folhas, para avaliar o comportamento oxidativo. Foi realizada uma experiência com óleo de girassol e BHT (200 ppm) para comparar a eficiência antioxidante das cascas de romã e dos sumos de folhas com o material antioxidante sintético mais comumente utilizado. Foi referido que os antioxidantes sintéticos (BHT, BHA e PG, galato de propilo) são adicionados a concentrações de 100-400 ppm a gorduras e óleos para suprimir o desenvolvimento de peróxidos durante a conservação dos alimentos (Allen e Hamilton, 1983). Por conseguinte, as cascas de romã e os sumos de folhas foram adicionados ao óleo de girassol em concentrações de 100, 200 e 400 ppm. Os quadros 8 e 9 e as figuras 7 e 8 mostram o efeito das cascas de romã e dos sumos de folhas na rancidez oxidativa do óleo de girassol. Os resultados ilustram que todas as cascas de romã e sumos de folhas adicionados em várias concentrações ao sistema de teste, exibiram atividade antioxidante. Além disso, a análise estatística mostrou que tanto as cascas de romã como os sumos de folhas tinham um efeito antioxidante significativo na estabilidade do óleo de girassol.

Tabela 8. Efeito do sumo bruto das cascas em diferentes concentrações na rancidez oxidativa do óleo de girassol.

System	Induction period (h)[1]	Antioxidant activity [2]
Sunflower oil (Control, C)	11.18 [a]	1.00
C + BHT (200 ppm)	13.91 [b]	1.24
C+ Peel juice (100 ppm)	13.23 [b]	1.18
C+ Peel juice (200 ppm)	15.12 [c]	1.42
C+ Peel juice (400 ppm)	16.99 [c]	1.52

[1]O período de in   O período de indução refere-se ao tempo (h) no ponto de rutura das duas partes rectas extrapoladas da curva obtida pelo aparelho de rancimat
[2]A   A atividade antioxidante (AA) foi calculada a partir da seguinte equação:
AA = período de indução da amostra / período de indução do controlo
As letras: a, b e c referem-se a diferenças significativas a um nível de 1% de probabilidade (L.S.D =1,73).

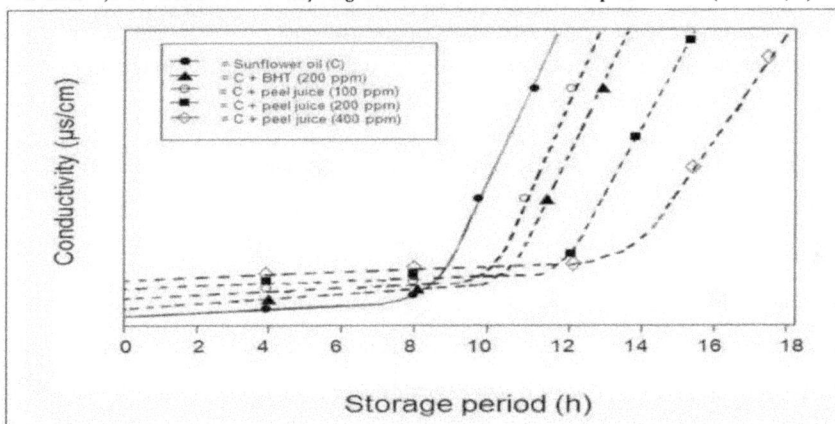

Fig. 7. Efeito do sumo bruto de cascas de romã em diferentes concentrações na oxidação do óleo de girassol.

56

Tabela 9. Efeito do sumo bruto de folhas em diferentes concentrações na rancidez oxidativa do óleo de girassol.

System	Induction period (h)[1]	Antioxidant activity [2]
Sunflower oil (Control, C)	11.18 [a]	1.00
C + BHT (200 ppm)	13.91 [b]	1.24
C+ leave juice (100 ppm)	12.98 [b]	1.16
C+ leave juice (200 ppm)	13.29 [b]	1.89
C+ leave juice (400 ppm)	15.14 [c]	1.35

[1]O período de in   O período de indução refere-se ao tempo (h) no ponto de rutura das duas partes rectas extrapoladas da curva obtida pelo aparelho Rancimat
[2]A   A atividade antioxidante (AA) foi calculada a partir da seguinte equação:
AA = período de indução da amostra / período de indução do controlo
As letras: a, b e c referem-se a diferenças significativas a um nível de 1% de probabilidade (L.S.D = 1,73)

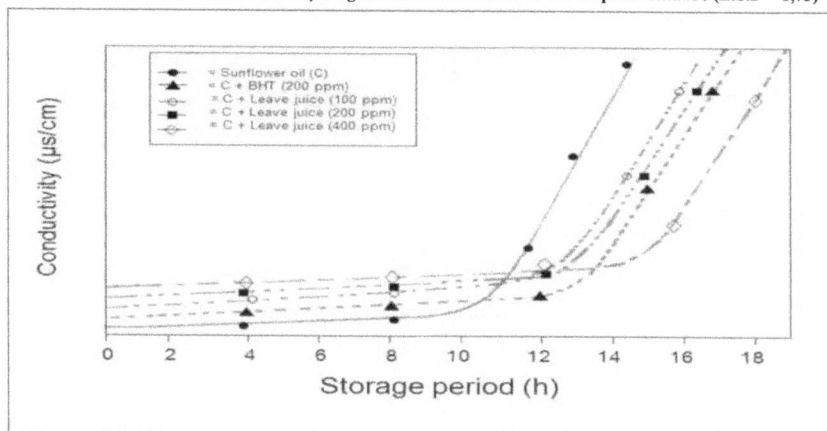

Fig. 8. Efeito do sumo bruto de folhas de romã em diferentes concentrações na oxidação do óleo de girassol.

Utilizando os dados dos Quadros 8 e 9, quando as concentrações relativas das cascas de romã e dos sumos brutos das folhas são representadas em função dos períodos de indução, de acordo com o método de Beddows et al. (2000) (Fig. 9), verificou-se uma relação linear. Isto significa que as actividades antioxidantes das cascas de romã e dos sumos brutos das folhas têm uma relação direta com a sua concentração de compostos polifenólicos. Resultados semelhantes foram obtidos por Li et al. (2011) e Kaneria et al. (2012), que apresentaram correlações elevadas entre a composição fenólica e a atividade antioxidante da romã. Além disso, o sumo de cascas em bruto foi muito mais ativo no retardamento da oxidação do óleo de girassol do que o sumo de folhas. Os níveis de 200 e 400 ppm de sumo de romã induziram uma atividade antioxidante semelhante ou superior à de um sistema que inclui óleo de girassol e BHT (200 ppm). Os dados supramencionados ilustram que o sumo de cascas cruas, quando adicionado a produtos alimentares, especialmente a lípidos e a alimentos contendo lípidos, aumentaria o prazo de validade retardando a peroxidação lipídica.

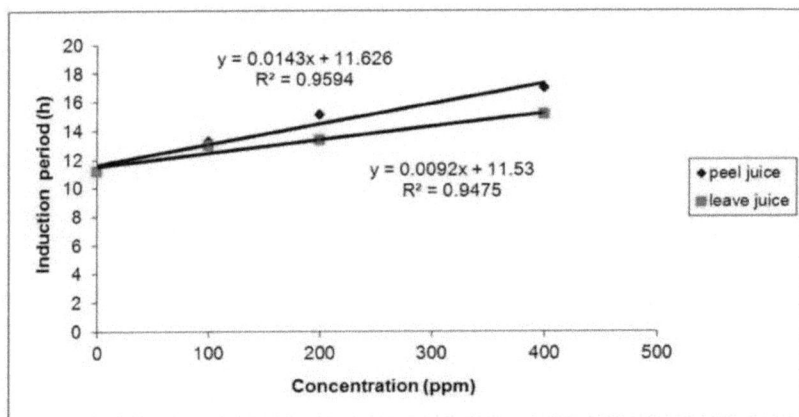

Fig. 9. Relação entre várias concentrações de sumos brutos de cascas e folhas de romã e os períodos de indução da rancidez oxidativa do óleo de girassol.

Os antioxidantes sintéticos BHA, BHT e ésteres gálicos são suspeitos de serem carcinogénicos. Para além disso, o BHT a 200 ppm induziu um aumento significativo na actividades enzimáticas do fígado e do rim do rato e alterou gravemente as caraterísticas destes tecidos orgânicos (Farag et al., 2006). Além disso, a OMS recomenda a utilização de antioxidantes naturais que podem atrasar ou inibir a oxidação lipídica ou de outras moléculas, inibindo as etapas de iniciação ou propagação da reação oxidativa em cadeia (Velioglu et al., 1998). Consequentemente, foram colocadas fortes limitações à utilização de antioxidantes sintéticos e a tendência atual é substituí-los por antioxidantes naturais. Assim, os dados do presente trabalho sugerem que o sumo de cascas de romã pode ser utilizado adequadamente como suplemento alimentar para retardar ou prevenir a oxidação lipídica e também para curar algumas doenças que são induzidas pelos radicais livres. É de salientar que os efeitos de alguns fenólicos estão relacionados com o aumento da atividade das enzimas antioxidantes (Chiang et al., 2006) e com a indução da síntese de proteínas antioxidantes (Chung et al., 2006).

Parece existir uma relação entre a eficiência antioxidante e a composição química dos compostos fenólicos. A principal caraterística estrutural necessária para a atividade antioxidante é um anel fenólico que contém grupos hidroxilo. A prova deste requisito estrutural é apoiada

58

pelas poderosas actividades antioxidantes do conhecido BHT sintético e do timol antioxidante natural (Farag et al., 1989 e Topallar et al., 1997).

Neste contexto, Amjad e Shafighi (2013) referiram que a estrutura química dos fenólicos desempenha um papel na atividade de eliminação de radicais livres, que depende principalmente do número e da posição dos grupos hidroxilo doadores de hidrogénio nos anéis aromáticos das moléculas fenólicas. Além disso, Balasundram et al. (2006) mencionaram que a atividade antioxidante dos compostos fenólicos depende da estrutura, em particular do número e da posição dos grupos hidroxilo e da natureza das substituições no anel aromático. Poder-se-ia relacionar a atividade antioxidante do BHT ou do timol com a inibição da formação de hidroperóxidos. O primeiro passo na oxidação lipídica é a abstração de um átomo de hidrogénio de um ácido gordo insaturado e o envolvimento subsequente de oxigénio dá origem a um radical peroxi. Geralmente, os antioxidantes suprimem a abstração do átomo de hidrogénio do ácido gordo insaturado, o que leva à diminuição da formação de hidroperóxidos. É bem conhecido que os compostos fenólicos actuam como dadores de hidrogénio na mistura de reação e, por conseguinte, a formação de hidroperóxidos é reduzida.

Os resultados do presente trabalho estão em conformidade com esta teoria. Também se deve mencionar que o sumo de cascas em bruto induziu um poder antioxidante mais potente do que o sumo de folhas em bruto, uma vez que o primeiro extrato contém 1,22 vezes mais polifenóis totais do que o sumo de folhas. Este resultado está em conformidade com as conclusões de Negi e Jayaprakasha (2003) e Naveena et al. (2008), onde o poder antioxidante aumentou com a concentração de fenólicos da casca.

É de salientar que alguns estudos estabeleceram que o ácido clorogénico e os flavonóides, em particular a quercetina e os seus derivados glicosídicos, são os principais compostos responsáveis pelas propriedades antioxidantes (Silvia et al., 2011). Estas classes de compostos possuem um amplo espetro de actividades biológicas, incluindo propriedades de eliminação de radicais (Balasundram et al., 2006). Vale a pena mencionar que os dados de HPLC (Farag et al., 2014) demonstraram que o ácido clorogénico estava presente em ambas as cascas e deixam sucos brutos como um constituinte menor (<10% - > 1%) e, portanto, adicionar peso às nossas descobertas. Além disso, Amjad e Shafighi (2012) mencionaram que o ácido elágico, como membro dos fenólicos, é considerado como tendo um papel importante na atividade antioxidante. Este ácido pode reagir com radicais livres devido à sua capacidade de quelação com catiões metálicos, um oxidante potente contra a peroxidação lipídica na mitocôndria e no microssoma. A partir dos dados supramencionados, é possível interpretar o poderoso efeito antioxidante dos componentes do sumo bruto das cascas de romã a dois factores básicos principais, ou seja, a eliminação dos radicais livres e a quelação dos catiões minerais. Os resultados do presente estudo sugerem a utilização do sumo bruto das cascas de romã como antioxidante natural, uma vez que é quase inestimável, seguro e induz um poderoso efeito antioxidante em comparação com o bem conhecido BHT, o antioxidante sintético.

CAPÍTULO 5

RESUMO

Os frutos da romã têm sido amplamente utilizados em muitas culturas e países diferentes durante milhares de anos. O fruto da romã ganhou uma grande popularidade ao longo dos anos. Os frutos da romã têm sido frequentemente associados à melhoria da saúde do coração e a outras alegações variadas, incluindo a proteção contra o cancro da próstata e o abrandamento da perda de cartilagem na artrite.

Neste estudo, as folhas e as cascas das plantas de romã, variedade Wonderful, foram separadas manualmente e prensadas mecanicamente para obter os seus sumos brutos. Estes últimos materiais foram submetidos à determinação da composição química bruta dos sumos brutos das folhas e das cascas das partes da planta da romã, à estimativa de determinados fitoquímicos e à quantificação dos fenóis totais, flavonóides, taninos e antocianinas dos sumos brutos da romã, caraterização qualitativa e quantitativa dos compostos polifenólicos dos sumos brutos das cascas e das folhas da romã por HPLC e avaliação das actividades antioxidantes das cascas e dos sumos brutos das folhas da romã através da determinação do DPPH, do poder redutor e do período de indução por rancimat.

Os resultados podem ser resumidos da seguinte forma:

1. A composição química bruta indicou que o sumo bruto das cascas continha quantidades elevadas de proteínas brutas e de hidratos de carbono hidrolisáveis totais, sendo 1,42 e 2,5 vezes superiores às do sumo bruto das folhas, respetivamente. É de salientar que o sumo de folhas não continha fibras brutas. No entanto, o último parâmetro estava presente no sumo de cascas em bruto como um constituinte menor (< 10% - > 1%). Os presentes dados indicam que o sumo bruto das cascas pode ser utilizado como fonte de fibras brutas e de hidratos de carbono hidrolisáveis totais.

2. O rastreio fitoquímico indicou que o sumo de cascas de romã continha hidratos de carbono, açúcares redutores e compostos fenólicos como constituintes principais (> 10%). As proteínas, os aminoácidos, os taninos e os flavonóides estavam presentes no sumo de cascas de romã como componentes menores (< 10% - > 1%). Por outro lado, os glicosídeos, alcalóides,

saponinas e esteróis estavam presentes como substâncias vestigiais (< 1%). É interessante notar que o sumo bruto das cascas de romã da cultivar Wonderful continha quantidades mais elevadas de hidratos de carbono, proteínas, fenólicos e taninos do que o sumo bruto das folhas. Por outro lado, as partes botânicas da romã (folhas e cascas) continham quantidades quase iguais de glicosídeos, aminoácidos, alcalóides, esteróis e óleos fixos. A quantidade de saponinas do sumo bruto das folhas era superior à do sumo bruto das cascas.

3. O sumo da casca da romã continha quantidades elevadas de polifenóis e flavonóides, sendo cerca de 1,22 e 1,43 vezes superiores às do sumo da folha, respetivamente.

4. O sumo bruto das cascas de romã apresentou valores mais elevados de taninos e antocianinas, sendo 1,16 e 1,29 vezes superiores aos do sumo bruto das folhas, respetivamente.

5. A HPLC foi utilizada para caraterizar os compostos polifenólicos nos sumos das folhas e das cascas da romã. Foram separados 12 e 6 compostos polifenólicos dos sumos brutos das cascas e das folhas da romã, respetivamente. Os compostos básicos encontrados nos sumos das cascas e das folhas de romã foram o ácido gálico, o ácido protocatecuico e o ácido gálico, 3-hidroxi tirosol, respetivamente.

6. O sumo bruto das cascas possuía uma poderosa atividade antioxidante do que o sumo bruto das folhas, sendo aproximadamente 6,59 vezes maior do que a induzida pelo sumo das folhas através do ensaio 2, 2- difenil-1-picril-hidrazil (DPPH). Além disso, o sumo bruto das cascas apresentou um poder redutor mais forte do que o sumo das folhas. Os resultados das actividades antioxidantes dos sumos brutos de cascas de romã e de folhas, avaliados pelo aparelho de rancimat, ilustraram que ambos os sumos brutos de cascas de romã e de folhas adicionados em várias concentrações ao sistema de teste, exibiram um efeito antioxidante na estabilidade do óleo de girassol.

7. A análise estatística demonstrou que existe uma correlação positiva entre o teor polifenólico e a atividade antioxidante dos sumos brutos de romã.

8. O resultado do presente estudo sugere que o sumo bruto das cascas de romã pode ser utilizado como antioxidante natural, uma vez que é quase inestimável, seguro e induz um poderoso efeito antioxidante em comparação com o conhecido BHT, o antioxidante sintético.

O estudo recomenda, nomeadamente, a utilização do sumo bruto das cascas de romã em vários domínios para a saúde humana.

CAPÍTULO 6

REFERÊNCIAS

Abdel Moneim, A.E. (2012). Avaliação do papel potencial da casca de romã no stress oxidativo induzido pelo alumínio e alterações histopatológicas no cérebro de ratos fêmeas. Biol. Trace Elem. Res., 150:328-336.

Abdel Moneim, A.E.; Othman, M.S.; Mohmoud, S.M. e EL-Deib, K.M., (2013). A casca de romã atenua a toxicidade hepatorenal induzida pelo alumínio. Toxicol. Mech. Methods, 23(8):624-633.

Abdou, H.S.; Salah, S.H.; Boolesand, H.F. e Abdel Rahim E.A. (2012). Efeito do pré-tratamento da romã na genotoxicidade e hepatotoxicidade induzidas pelo tetracloreto de carbono (cci4) em ratos machos. J. Med. Plants Res., 6(17):3370-3380.

Adams, L.S.; N.P. Seeram, B.B.; Aggarwal, Y.; Takada, D.S. e Heber, D. (2006). O sumo de romã, os elagitaninos totais de romã e a punicalagina suprimem a sinalização celular inflamatória nas células cancerígenas do cólon. J. Agric. Food Chem, 54:980-985.

Adhami, V.M. e Mukhtar, H. (2006). Polyphenols from green tea and pomegranate for prevention of prostate cancer (Polifenóis do chá verde e da romã para a prevenção do cancro da próstata). Free Rad. Res., 40(10): 1095104.

Adhami, V.M.; Khan, N. e Mukhtar, H. (2009). Quimioprevenção do cancro pela romã: provas laboratoriais e clínicas. Nutr. Cancer, 61:811-815.

Afaq, F.; Saleem, M. e Mukhtar, H. (2003). O extrato de romã é um novo agente para a quimioprevenção do cancro; Estudos na pele de ratos. 2nd Conferência anual da AACR sobre Fronteiras na Prevenção do Cancro, pp: 135-142.

Ahirrao S.D. e Surywanshi S.P. (2013). Triagem fitoquímica e atividades antimicrobianas da casca da planta medicinalmente importante Punica granatum L contra vários microorganismos. Int. J. Sci. Innovations and Discoveries, 3(3):330-335.

Akbarpour, V.; Hemmati, K. e Sharifani, M. (2009). Propriedades físicas e químicas do fruto da romã (Punica granatum L.) no estádio de maturação. Am- Euras. J. Agric. Environ. Sci., 6:411-416.

Akhtar, S.; Ismail, T.; Fraternale, D. e Sestili, P. (2015). Casca de romã e extractos de casca: Química e caraterísticas alimentares. Food Chem, 174:417-425.

Ali, S.I.; El-Baz, F.K.; El-Emary, G.A.E.; Khan, E.A. e Mohamad, A.A. (2014). Análise por HPLC de compostos polifenólicos e atividade de eliminação de radicais livres de frutos de romã (Punica granatum L.). Int. J. Pharm. Clin. Res., 6(4): 348-355.

Alighourchi, H. e Barzegar, M. (2009). Algumas caraterísticas físico-químicas e cinética de degradação da antocianina do sumo de romã reconstituído durante o armazenamento. J. Food Eng., 90, 179-185.

Allen, J.C. e Hamilton, R.J. (1983). Rancidity in foods. Londres e Nova Iorque: Applied Science Publishers, PP. 85-173.

Al-Maiman, S.A. e Ahmad, D. (2002). Alterações nas propriedades físicas e químicas durante a maturação do fruto da romã (Punica granatum L.). Food Chem, 76:437-441.

Al-Muammar, M. N., e Khan, F. (2012). Obesidade: O papel preventivo da romã (Punica granatum). Nutr., 28(6):595-604.

Al Olayan, E.M.; El Khadragy, M.F.; Metwally, D.M. e Abdel Moneim A.E. (2014). Efeitos protectores do sumo de romã (Punica granatum) nos testículos contra a intoxicação por tetracloreto de carbono em ratos. BMC Compl Alter .Med., 14:164:1-9.

Al-Rawahi, A.S.; Edwards, G.; Al-Sibani, M.; Al-Thani, G.; Al-Harrasi, A.S. e Rahman, M.S. (2014). Constituintes fenólicos de cascas de romã *(Punica granatum* L.) cultivadas em Omã. European J. Med. Plants, 4(3): 315331.

Al-Said, F.A.; Opara, U.L. e Al-Yahyai, R.A. (2009). Atributos de qualidade físico-química e textural de cultivares de romã (*Punica granatum* L.) cultivadas no Sultanato de Omã. J. Food Eng., 90:129-134.

Al-Zoreky, N. S. (2009). Atividade antimicrobiana da casca do fruto da romã (*Punica granatum* L.). Int. J. Food Microbiol, 134: 244-248.

Amakura, Y.; Okada, M.; Tsuji, S. e Tonogai, Y. (2000). Determinação do ácido elágico em frutos frescos e transformados por cromatografia líquida de alta eficiência com deteção por arranjo de fotodíodos. J. Chromatogr. A, 896:87-93.

Amjad, L. e Shafighi, M. (2012). Atividade antioxidante de diferentes extractos de folhas em *Punica granatum*. Int. J. Biol. Med. Res., 3(3):2065-2067.

Amjad, L. e Shafighi, M. (2013). Avaliação da atividade antioxidante, teor de fenólicos e flavonóides nas flores de *Punica granatum* var. Isfahan Malas. Int. J. Agric. Crop Sci., 5(10):1133-1139.

Grupo de Filogenia de Angiospermas (APG II) (2003). Uma atualização da classificação do Angiosperm Phylogeny Group para as ordens e famílias de plantas com flor: APG II. Bot. J. Linn. Soc., 141:399-436.

Grupo de Filogenia de Angiospermas (APG III) (2009). Uma atualização da classificação do Angiosperm Phylogeny Group para as ordens e famílias de plantas com flor: APG III. Bot. J. Linn. Soc., 161:105-121.

Anoosh, E.; Mojtaba, E. e Fatemeh, S. (2010). Estudar o efeito do sumo de duas variedades de romã na diminuição do colesterol LDL plasmático. Procedia - Soc. Behav. Sci., 2(2):620-623.

Ardekani, M.R.S.; Hajimahmoodi, M.; Oveisi, M.Z.; Sadeghi, N.; Jannat, B.; Ranjbar, A.; Gholam, N. e Moridi, T. (2011). Atividade antioxidante comparativa e teor total de flavonóides das cultivares de romã persa (Punica granatum L.). Iranian J. Pharm. Res.,10(3):519-524.

Associação dos Químicos Analíticos Oficiais (AOAC). Métodos Oficiais de Análise. 2000. 17 Ed. Gaithersburg, MD, EUA.

Aviram, M. e Dornfeld, L. (2001). O consumo de sumo de romã inibe a atividade da enzima de conversão da angiotensina no soro e reduz a pressão arterial sistólica. Atherosclerosis, 158(1):195-198.

Aviram, M.; Dorafeld, L.; Rosenblat, M.; Volkova, N.; Kaplan, M.; Coleman, R.; Hayek, T.; Presser, D. e Fuhrman, B. (2000). O consumo de sumo de romã reduz o stress oxidativo, as modificações aterogénicas do LDL e a agregação plaquetária: Estudos em humanos e em ratos com deficiência de apolipoproteína E aterosclerótica. Amer. J. Clin. Nutr., 71:1062-1076.

Aviram, M.; Rosenblat, M.; Gaitini, D.; Nitecki, S.; Hoffman, A.; Dornfeld, L.; Volkova, N.; Presser, D.; Attias, J.; Liker, H. e Hayek, T. (2004). O consumo de sumo de romã durante 3 anos por pacientes com estenose da artéria carótida reduz a espessura da íntima-média da carótida comum, a pressão arterial e a oxidação do LDL. Clin. Nutr., 23:423-433.

Aviram, M.; Volkova, N.; Coleman, R.; Dreher, M.; Reddy, M. K.; Ferreira, D. e Rosenblat, M. (2008). Os fenólicos de romã das cascas, arilos e flores são antiaterogénicos: Estudos in vivo em ratinhos com apolipoproteína E deficiente (E-o) e in vitro em cultura de macrófagos e upoproteínas. J. Agric. Food Chem, 56(3):1148-1157.

Azadzoi, K.M.; Schulman, R.N.; Aviram, M. e Siroky, M.B. (2005). Stress oxidativo na disfunção erétil arteriogénica: papel profilático dos antioxidantes. J. Urol, 174:386-393.

Balasundram, N.; Sundram, K. e Samman, S. (2006). Compostos fenólicos em plantas e subprodutos agro-industriais: atividade antioxidante, ocorrência e potenciais utilizações. Food Chem, 99:191-203.

Barzegar, M.; Yasoubi, P.; Sahari, M.A. e Azizi, M.H. (2007). Conteúdo fenólico total e atividade antioxidante dos extractos de casca de romã (Punica granatum L.). J. Agric. Sci. Technol., 9:35-42.

Beddows, C.G.; Jagait, C. e Kelly, M.J. (2000). Preservação de a-tocoferol em óleo de girassol por ervas e especiarias. Int. J. Food Sci. Nut., 29:33-37.

Ben Nasr, C.; Ayed, N. e Metche, M. (1996). Determinação quantitativa do teor polifenólico da casca de romã. Z Lebensm. Unters. Forsch., 203:374.

Beretta, G.; Rossoni, G.; Alfredo Santagati, N. e Maffei Facino, R. (2009). Atividade anti-isquémica e efeito vasorelaxante dependente do endotélio de taninos hidrolisáveis das folhas de Rhus coriaria (Sumac) em coração de coelho isolado e aorta torácica. Planta Med., 75(14):1482-1488.

Bhandary, S.K.; Kumari, N.S.; Bhat , V.S.; Sharmila, K.P. e Bekal, M.P. (2012). Triagem fitoquímica preliminar de vários extractos de casca de punica granatum, fruta inteira e sementes. Nitte University J. Health Sci., 2(4):34- 38.

Bligh, E.G. e Dyer, W.J. (1959). Um método rápido para a extração e purificação de lípidos totais. Can. J. Biochem. Physiol., 37:911-917.

Caceres, A.; Giron, L.M.; Alvarado, S.R. e Torres M.F. (1987). Triagem da atividade antimicrobiana de plantas utilizadas popularmente na Guatemala para o tratamento de doenças dermatomucosas. J. Ethnopharmacol, 20:223-237.

Caliskan, O. e Bayazit, S. (2012). Atributos fitoquímicos e antioxidantes de romãs turcas autóctones. Sci. Hortic., 147:81-88.

Cam, M. e Hi$il, Y. (2010). Extração com água pressurizada de polifenóis de cascas de romã. Food Chem, 123:878-885.

Cavalcanti, R. N.; Navarro-Diaz, H.J.; Santos, D.T.; Rostagno, M.A.; Meireles, M. e Angela A. (2012). Extração supercrítica de dióxido de carbono de polifenóis de folhas de romã (Punica granatum L.): Composição química, avaliação económica e abordagem quimiométrica. J. Food Res., 1(3):282-294.

Celik, I.; Temur, A. e Isik, I. (2009). Papel protetor do hepato e capacidade antioxidante da infusão de flores de romã *(Punica granatum)* contra a exposição de ratos ao ácido tricloroacético. Food Chem. Toxicol., 47(1): 145-149.

Chiang, A.; Wu, H.; Chu, C.; Lin, C. e Lee, W. (2006). Efeitos antioxidantes do extrato de arroz preto através da indução das actividades da superóxido dismutase e da catalase. Lipids 41:797-803.

Chidambara Murthy, K.N.; Jayaprakasha, G.K. e Singh, R.P. (2002). Estudos sobre a atividade antioxidante do extrato de casca de romã *(Punica granatum)* utilizando modelos *in vivo*. J. Agric. Food Chem, 50(17):4791-4795.

Choi, J.G.; Kang, O.H.; Lee, Y.S.; Chae, H.S.; Oh, Y.C.; Brice, O.O.; Kim, M.S.; Sohn, D.H.; Kim, H.S.; Park, H.; Shin, D.W.; Rho, J.R. e Kwon D.Y. (2011). Atividade antibacteriana *in vitro* e *in vivo* do extrato etanólico da *casca de Punica granatum* contra *Salmonella*. Complemento Baseado em Evidências. Alternat. Med., 1-8.

Chung, M.J.; Walker, P.A. e Hogstrand, C. (2006). Os antioxidantes fenólicos da dieta, ácido cafeico e Trolor, protegem as células branquiais da truta arco-íris da apoptose induzida pelo óxido nítrico. Aqual Toxicol, 80:321-328.

Clark, T.E.; Appleton, C.C. e Drewes, S.E. (1997). Uma abordagem semi-quantitativa para a seleção de candidatos a moluscicidas vegetais adequados - uma aplicação sul-africana. J. Ethnopharmacol, 56:1-13.

Curro, S.; Caruso, M.; Distefano, G.; Gentile, A. e La Malfa, S. (2010). Novos loci de microssatélites para romã, Punica granatum (Lythraceae). Am. J. Bot., 97: 58-60.

Cuvelier, M.E.; Richard, H. e Berst, C. (1992). Comparação da atividade antioxidativa de alguns fenóis ácidos: relação estrutura-atividade. Biosci. Biotechnol. Biochem, 56:324-325.

Dahham, S.S.; Ali, M.N.; Tabassum, H. e Khan, M. (2010). Estudos sobre a atividade antibacteriana e antifúngica da romã (Punica granatum L.), American-Eurasian J. Agric. Environ. Sci., 9(3):273-281.

Dahlawi, H.; Jordan-Mahy, N.; Clench, M.; McDougall, G.J. e Le Maitre, C.L. (2013). Os polifenóis são responsáveis pelas propriedades proapoptóticas do suco de romã nas linhas celulares de leucemia. Food Sci. Nutr., 1(2):196- 208.

De Nigris, F.; Balestrieri, M.L.; Williamsignarro, S.; D'Armiento, F.P.; Fiorito, C., Ignarro, L.J. e Napoli, C. (2007). The influence of pomegranate fruit extract in comparison to regular pomegranate juice and seed oil on nitric oxide and arterial function in obese Zucker rats. Nitric Oxide, 17:50-54.

De Nigris, F.; Williams-Ignarro, S.; Lerman, L.O.; Crimi, E.; Botti, C.; Mansueto, G.; D'Armiento, F.P.; De Rosa, G.; Sica, V.; Ignarro, L.J. e Napol, C. (2005). Efeitos benéficos do sumo de romã nos genes sensíveis à oxidação e na atividade da óxido nítrico sintase endotelial em locais de tensão de cisalhamento perturbada. Proc. Natl. Acad. Sci. USA, 102(13):4896- 4901.

Dkhil, M.A.; Al-Quraishy, S. e Abdel Moneim, A.E. (2013). Efeito do sumo de romã (Punica granatum L.) e do extrato metanólico da casca nos testículos de ratos machos. Pakistan J. Zool, 45(5):1343-1349.

Du, C.T.; Wang, P.L. e Francis, F.J. (1975). Antocianinas da romã, Punica granatum. J. Food Sci., 40(2):417- 418.

Dubois, M.; Gilles, K.A.; Hamilton, J.K.; Rebers, P.A. e Smith, F. (1956). Método colorimétrico para determinação de açúcares e substâncias relacionadas. Anal. Chem., 28(3): 350-356.

Elango, S.; Balwas, R. e Padma, V. V. (2011). O ácido gálico isolado do extrato de casca de romã induz a apoptose mediada por espécies reactivas de oxigénio na linha celular A549. J. Cancer Therapy, 2: 638-45.

El-falleh, W.; Hannachi, H.; Tlili, N.; Yahia, Y.; Nasri, N. e Ferchichi, A. (2012).Conteúdo fenólico total e actividades antioxidantes da casca, semente, folha e flor da romã. J. Med. Plants Res., 6:4724-4730.

El-falleh, W.; Tlili, N.; Nasri, N.; Yahia, Y.; Hannachi, H.; Chaira, N.; Ying, M. e Ferchichi, A. (2011). Capacidades antioxidantes de compostos fenólicos e tocoferóis de frutos de romã tunisina (Punica granatum). J. Food Sci., 76:707-713.

El-Khateeb, A.Y.; Elsherbiny, E.A.; Tadros, L.K.; Ali, S.M. e Hamed, H.B. (2013). Análise fitoquímica e atividade antifúngica de extratos de folhas de frutas sobre o crescimento micelial de patógenos fúngicos de plantas. J. Plant Path. Micro. 4(9):1- 6.

El-Nemr, S.E.; Ismail, I.A. e Ragab, M. (1990). Composição química do sumo e das sementes do fruto da romã. Nahrung, 7:601-606.

Endo, E.H.; Garcia Cortez, D.A.; Ueda-Nakamura, T.; Nakamura, C.V. e Dias Filho, B.P. (2010). Potente atividade antifúngica de extratos e composto puro isolado de cascas de romã e sinergismo com fluconazol contra Candida albicans. Res. Microbiol., 161(7):534- 540.

Falsaperla, M.; Morgia, G.; Tartarone, A.; Ardito, R. e Romano, G. (2005). Apoio à terapia com ácido elágico em doentes com cancro da próstata refratário a hormonas (HRPC) em quimioterapia padrão com fosfato de vinorelbina e estramustina. Eur. Urol., 47(4):449- 454.

Fanali, C.; Dugo, L.; D'Orazio, G.; Lirangi, M.; Dacha, M.; Dugo, P. e Mondello, L. (2011). Análise de antocianinas em sumos de fruta comerciais utilizando cromatografia nano-líquida electrospray-espetrometria de massa e cromatografia líquida de alta eficiência com detetor UV-Vis. J. Sep. Sci., 34:150-159.

Farag, R.S.; Badi, A.Z. e El-Baroty, G.S. (1989). Influência dos óleos essenciais de tomilho e cravinho na oxidação do óleo de semente de algodão. J. Am. Oil Chem. Soc., 66:792- 799.

Farag, R.S.; Mahmoud, E.A.; Basuny, A.M. e Ali, R.F.M. (2006). Influência do sumo bruto de folha de oliveira nas funções hepáticas e renais do rato. Intr. J. Food Sci. Tech., 41:790- 798.

Farag, R.S.; El-Baroty, G.S. e Basuny, A.M. (2003). A influência de extractos fenólicos obtidos da planta da oliveira (cvs. Picual e Kronakii), na estabilidade do óleo de girassol. Intr. J. Food Sci. Technol., 38:81-87.

Farag, R.S.; Abdel-Latif, M.S.; Emam, S.S. e Tawfeek, L.S. (2014). Triagem fitoquímica e constituintes de polifenóis de cascas de romã e sucos de folhas. Landmark Res. J. Agric. Soil Sci., 1(6):86-93.

Faria, A.; Calhau, C.; De Freitas, V. e Mateus, N. (2006). Procianidinas como antioxidantes e moduladores do crescimento de células tumorais. J. Agric. Food. Chem., 54:2392- 2397.

Ferrara, G.; Giancaspro, A.; Mazzeo, A.; Giove, S.L.; Matarrese, A.M.S.; Pacucci, C.; Punzi, R.; Trani, A.; Gambacorta, G.; Blanco, A. e Gadaleta, A. (2014). Caracterização de genótipos de romã (Punica granatum L.) coletados na região de Puglia, sudeste da Itália. Sci. Hort., 178:70-78.

Firestone, D.; Stier, R. F. e Blumenthal, M. (1991). Regulation of frying fats and oils. Food Technol, 45(2):90-94.

Foss, S.R.; Nakamura, C.V.; Ueda-Nakamura, T.; Cortez, D.A.G.; Endo, E.H. e Filho, B.P.D. (2014). Atividade antifúngica do extrato da casca de romã e do composto isolado punicalagina contra dermatófitos. Ann. Clin. Microbiol. Antimicrob., 13(1):32-37.

Gil, M.I.; Tomas-Barberan, F.A.; Hess-Pierce, B.; Holcroft, D.M. e Kader, A.A. (2000). Antioxidant activity of pomegranate juice and its relationship with phenolic composition and processing. J. Food Chem, 48(10):4581-4589.

Guo, C.; Wei, J.; Yang, J.; Xu, J.; Pang, W. e Jiang, Y. (2008). O sumo de romã é potencialmente melhor do que o sumo de maçã na melhoria da função antioxidante em indivíduos idosos. Nutr. Res., 28:72-77.

Harborne, J.B. (1973). Phytochemical methods: A guide to modern techniques of plant analysis. 2nd edn, Chapman and Hall, Nova Iorque, pp. 88-185.

Hassoun, E.A.; Vodhanel, J. e Abushaban, A. (2004). Os efeitos moduladores do ácido elágico e do succinato de vitamina E no stress oxidativo induzido pelo TCDD em diferentes regiões cerebrais de ratos após exposição subcrónica. J. Biochem. Mol. Toxicol., 18: 196-203.

Hegde, C.R.; Madhuri, M.; Nishitha, S.T.; Arijit, D.; Sourav, B. e Rohit, K.C. (2012). Avaliação das propriedades antimicrobianas, conteúdos fitoquímicos e capacidades antioxidantes de extractos de folhas de Punica granatum L. ISCA J. Biological Sci., 1(2):32-37.

Holland, D.; Hatib, K. e Bar-Ya'akov, I. (2009). Pomegranate: botany, horticulture, breeding. Hortic. Rev., 35:127-191.

Hong, M.Y.; Seeram, N.P. e Heber, D. (2008). Os polifenóis da romã regulam negativamente a expressão de genes de síntese de androgénios em células humanas de cancro da próstata que expressam excessivamente o recetor de androgénios. J. Nutr. Biochem, 19:848-855.

Houston, M.C. (2005). Nutracêuticos, vitaminas, antioxidantes e minerais na prevenção e tratamento da hipertensão. Prog. Cardiovasc. Dis., 47(6):396- 449.

Huang, D.; Band, O. e Prior, R.L. (2005). A química subjacente aos ensaios de capacidade antioxidante. J. Agric. Food Chem., 53:1841-1856.

Huang, T.H.W.; Peng, G.; Kota, B.P.; Li, G.Q.; Yamahara, J.; Roufogalis, B.D. e Li, Y. (2005). Ação anti-diabética do extrato de flores de Punica granatum: Ativação de PPAR-y e identificação de um componente ativo. Toxicol. Appl. Pharm., 207(2):160-169.

Inabo H.I. e Fathuddin M.M. (2011). Potencialidades antitripanossómicas in vivo de extractos de folhas de acetato de etilo de Punica granatum contra Trypanosoma brucei brucei, Adv. Agr. Bio, 1:82-88.

Iqbal, S.; Bhanger, M.I.; Akhtar, M.; Anwar, F.; Ahmed, K.R. e Anwer, T. (2006). Propriedades antioxidantes de extractos metanólicos de folhas de Rhazya stricta. J. Med. Food, 9(2):270-275.

Irvine, F. R. (1961). Woody Plants of Ghana - with special reference to their uses. Oxford University press, Londres, 65.

Jahromi, S.B.; Pourshafie, M.R.; Mirabzadeh, E.; Tavasoli, A. Katiraee, F.; Mostafavi, E.; e Abbasian, S. (2015). Toxicidade do extrato de casca de Punica granatum em ratos. Jundishapur J. Nat. Pharm. Prod., 10(4): 1-6.

Jassim, S.A.A. (1998). Composição antiviral ou antifúngica que inclui um extrato de casca de romã ou de outras plantas e método de utilização. Patente dos E.U.A. 5840308.

Jeong, S.M.; Kim, S.Y.; Kim, D.R.; Nam, K.C.; Ahn, D.U. e Lee, S.C. (2004). Efeito das condições de torrefação das sementes na atividade antioxidante dos extractos de farinha de sésamo desengordurada. Food Chem. Toxicol., 69:377-381.

Jia, C. e Zia, C.A. (1998). Fungicida feito de extrato de ervas medicinais chinesas. Patente chinesa 1181187.

Johann, S.; Silva, D.L.; Martins, C.V.B.; Zani, C.L.; Pizzolatti, M.G. e Resende, M.A. (2008). Efeito inibitório de extratos de plantas medicinais brasileiras sobre a adesão de Candida albicans às células epiteliais bucais. World J. Microb. Biot., 24(11):2459-2464.

Johanningsmeier, S.D. e Harris, G.K. (2011). Pomegranate as a functional food and nutraceutical source. Revisão Anual de Ciência e Tecnologia Alimentar, 2:181-201.

Jurenka, J. (2008). Aplicações terapêuticas da romã (Punica granatum L.): A Review. Altern. Med. Rev., 13(2):128-144.

Kaneria, M.J.; Bapodara, M.B. e Chanda, S.V. (2012). Efeito de técnicas de extração e solventes na atividade antioxidante da folha e caule da romã (Punica granatum L.). Food Anal. Food Anal. Method, 5(3):396-404.

Kaur, G.; Jabbar, Z.; Athar, M. e Alam, M.S. (2006). O extrato de flor de Punica granatum (romã) possui uma potente atividade antioxidante e anula a hepatotoxicidade induzida por Fe-NTA em ratos. Food Chem. Toxicol, 44(7):984-993.

Khan, N.; e Mukhtar, H. (2007). O fruto da romã como agente quimiopreventivo do cancro do pulmão. Drugs Future, 32(6):549-554.

Khan, J.A. e Hanee, S. (2011). Propriedades antibacterianas das cascas de Punica granatum. Int. J. Appl. Biol. Pharm. Technol., 2(3):23- 27.

Khan, N.; Afaq, F.; Kweon, M.H.; Kim, K. e Mukhtar, H. (2007). O consumo oral de extrato de fruta de romã inibe o crescimento e a progressão de tumores primários do pulmão em ratos. Cancer Res., 67:3475-3482.

Khateeb, J.; Gantman, A.; Kreitenberg, A.J.; Aviram, M. e Fuhrman, B. (2010). A expressão de paraoxonase 1 (PON1) em hepatócitos é regulada positivamente por polifenóis de romã: um papel para a via PPAR-gama. Atherosclerosis, 208(1):119-125.

Kim, N.D.; Mehta, R.; Yu, W.; Neeman, I.; Livney, T.; Amichay, A.; Poirier, D.; Nicholls, P.; Kirby, A.; Jiang, W.; Mansel, R.; Ramachandran, C.; Rabi, T.; Kaplan, B e Lansky, E. (2002). Chemopreventive and adjuvant therapeutic potential of pomegranate (Punica granatum) for human breast cancer. Breast Cancer Res. Treat., 71(3):203-217.

Kong, J.M.; Chia, L.S.; Goh, N.K.; Chia, T.F. e Brouillard, R. (2003). Análise e actividades biológicas das antocianinas. Phytochem, 64(5):923-933.

Krueger, D.A. (2012). Composição do sumo de romã. J. AOAC Int., 95(1):163- 168.

Kulkarni, A.P.; Aradhya S.M. e Divakar, S. (2004). Isolamento e identificação de um antioxidante eliminador de radicais - punicalagina - da medula e da membrana carpelar do fruto da romã. Food Chem, 87:551-557.

Kumar, M.; Dandapat, S. e Sinha, M.P. (2015). Triagem fitoquímica e atividade antibacteriana do extrato aquoso de folhas de Punica granatum. Balneo Res. J., 6(3):168-171.

Lad, V. e Frawley, D. (1986). O Yoga das Ervas. Santa Fé, NM: Lotus Press, 135-136.

Lansky, E.P. e Newman, R.A. (2007). Punica granatum (romã) e o seu potencial para a prevenção e tratamento da inflamação e do cancro. J. Ethnopharmacol, 109(2):177-206.

Lansky, E.P.; Jiang, W.; Mo, H.; Bravo, L.; Froom, P.; Yu, W.; Harris, N.M.; Neeman, I. e Campbell, M.J. (2005). Possível supressão sinérgica do cancro da próstata por fracções de romã anatomicamente discretas. Invest. Novas Drogas, 23:11-20.

Lee, K.G. e Shibumoto, J. (2002). Determinação do potencial antioxidante de extractos violateis isolados de várias ervas e especiarias. J. Agric. Food Chem., 50:4947-4955.

Lee, C.J.; Chen, L.G.; Liang, W.L. e Wang, C.C. (2010). Efeitos anti-inflamatórios de Punica granatum Linne in vitro e in vivo. Food Chem, 118(2):315-322.

Legua, P.; Melgarejo, P.; Abdelmajid, H.; Martmez J.J.; Martmez R.; Ilham, H.; Hafida, H. e Hernandez, F. (2012). Fenóis totais e capacidade antioxidante em 10 variedades de romã marroquina. J. Food Sci., 77:115-120.

Lei, F.; Zhang, X.N.; Wang, W.; Xing, D.M.; Xie, W. D.; Su, H. e Du, L. J. (2007). Evidência de efeitos anti-obesidade do extrato de folha de romã em ratos obesos induzidos por dieta rica em gordura. Int. J. Obesity, 31(6):1023-1029.

Lercker, G. e Rodriguez-Estrada, M.T. (2000). Chromatographic analysis of unsaponifiable compounds of olive oils and fat-containing foods. J. Chromatogr. A, 881(1-2):105-129.

Li, J.; He, X.; Li, M.; Zhao, W.; Liu, L. e Kong, X. (2015). Impressão digital química e análise quantitativa para controlo de qualidade de polifenóis extraídos da casca de romã por HPLC. Food Chem, 176(1):7-11.

Li, P.; Huo, L.; Su, W.; Lu, R.; Deng, C.; Liu, L.; Deng, Y.; Guo, N.; Lu, C. e He, C. (2011). Capacidade de eliminação de radicais livres, atividade antioxidante e conteúdo fenólico de Pouzolza zeylanica. J. Serb. Chem. Soc., 76(5):709-717.

Loren, D.J.; Seeram, N.P.; Schulman, R.N. e Holtzman, D.M. (2005). A suplementação da dieta materna com sumo de romã é neuroprotectora num modelo animal de lesão cerebral hipóxico-isquémica neonatal. Pediatric Res., 57:858864.

Machado, T.B.; Pinto, A.V.; Pinto, M.C.F.R.; Leal, I.C.R.; Silva, M.G.; Amaral, A.C.F.; Kuster, R.M. e Nett-dosSantos, K.R., (2003). Atividade in vitro de plantas medicinais brasileiras, naftoquinonas de ocorrência natural e seus análogos contra Staphylococcus aureus resistente à meticilina. Int. J. Antimicrob. Agents, 21:279-284.

Malik, A.; Afaq, F.; Sarfaraz, S.; Adhami, V.; Syed, D. e Mukhtar, H. (2005). Sumo de romã para a quimioprevenção e quimioterapia do cancro da próstata. Proc. Natl. Acad. Sci. USA, 102:14813-14818.

Marston, A.; Maillard, M. e Hostettmann, K. (1993). Pesquisa de compostos antifúngicos, moluscicidas e larvicidas em plantas medicinais africanas. J. Ethnopharmacol, 38: 215-223.

Mayer, W.; Go'rner, A. e Andra" , K. (1977). Punicalagin und punicalin, zwei gerbstoffe aus den schalen der granata" pfel. Liebigs. Ann. Chem., 1977(11- 12):1976-1986.

Mena, P.; Girones-Vilaplana, A.; Mart, N. e Garca-Viguera, C. (2012). Vinhos varietais de romã: Composição fitoquímica e parâmetros de qualidade. Food Chem, 133:108-115.

Mendez, E.; Sanhueza, J.; Speisky, H. e Valenzuela, A. (1996). Validação do teste de rancimat para a avaliação da estabilidade relativa de óleos de peixe. J. Am. Oil Chem. Soc., 73:1033-1037.

Mertens-Talcott, S.U. e Percival, S.S. (2005). O ácido elágico e a quercetina interagem sinergicamente com o resveratrol na indução de apoptose e causam paragem transitória do ciclo celular em células de leucemia humana. Cancer Lett., 218:141-151.

Mertens-Talcott, S.U. Jilma-Stohlawetz, P.; Rios, J.; Hingorani, L. e Derendorf, H. (2006). Absorção, metabolismo e efeitos antioxidantes dos polifenóis da romã (Punica granatum L.) após a ingestão de um extrato normalizado em voluntários humanos saudáveis. J. Agric. Food Chem, 54(23):8956-8961.

Mertens-Talcott, S.U.; Bomser, J.A.; Romero, C.; Talcott, S.T. e Percival, S.S. (2005). O ácido elágico potencia o efeito da quercetina em p21waf1/cip1, p53 e MAP-kinases sem afetar a geração intracelular de espécies reactivas de oxigénio in vitro. J. Nutr., 135(3):609-614.

Miguel, G.; Dandlen, S.; Antunes, D.; Neves, A. e Martins, D. (2004). O efeito de dois métodos de extração do sumo de romã (Punica granatum L.) na qualidade durante o armazenamento a 4 °C. J. Biomed. Biotech, 5:332-337.

Ming, D.; Pham, S.; Deb, S.; Chin, M.Y.; Kharmate, G.; Adomat, H.; Beheshti, E.H.; Locke, J. e Guns, E.T. (2014). Os extratos de romã afetam as vias de biossíntese de andrógenos em modelos de câncer de próstata in vitro e in vivo. J. Steroid. Biochem. Mol. Biol., 143:19-28.

Modaeinama, S.; Abasi, M.; Abbasi, M.M. e Jahanban-Esfahlan, R. (2015). Propriedades anti-tumorais do extrato de casca de Punica granatum (romã) em diferentes células cancerígenas humanas. Asian Pac. J. Cancer Prev., 16(14), 5697-5701

Mohammed, S. e Abd Manan, F. (2015). Análise de fenólicos totais, taninos e flavonóides do extrato de sementes de Moringa oleifera. J. Chem. Pharm. Res., 7(1):132-135.

Moure, A.; Cruz, J.M.; Franco, D.; Dommguez, J.M.; Sineiro, J. e Dommguez, H. (2001). Antioxidantes naturais de fontes residuais. Food Chem, 72:145-171.

Mousavijenad, G.; Emam-Djomeh, Z.; Rezai, K. e Khodaparast, M.H.H. (2009). Identificação e quantificação de compostos fenólicos e seus efeitos na atividade antioxidante em sumos de romã de oito cultivares iranianas. Food Chem, 115:1274-1278.

Moussa, A.M.; Emam, A.M.; Diab Y.M.; Mahmoud, M.E. e Mahmoud, A.S. (2011). Avaliação do potencial antioxidante de 124 plantas egípcias com ênfase na ação do extrato de folhas de Punica granatum em ratos, Int. Food Res. J., 18: 535-542.

Mutreja, R. e Kumar, P. (2015). Comparação das propriedades antioxidantes do extrato de casca de romã por métodos diferentes. Conferência internacional sobre ciências químicas, agrícolas e biológicas (CABS-2015) 4-5 de setembro de 2015 Istambul (Turquia). 15-

21.

Nair, R.R. e Chanda, S.V. (2005). Punica granatum: Uma fonte potencial como medicamento antibacteriano. Asian J. Microbiol., Biotechnol. Environm. Sci., 7(4):625-628.

Naqvi, S.A.; Khan, M.S. e Vohora, S.B. (1991). Investigações antibacterianas, antifúngicas e anti-helmínticas sobre plantas medicinais indianas. Fitoterapia, 62:221-228.

Naveena, B.M.; Sen, A.R.; Kingsly, R.P.; Singh, D.B. e Kondaiah, N. (2008). Atividade antioxidante do extrato de pó de casca de romã em rissóis de frango cozinhados. Int. J. Food Sci. Technol., 43:1807- 1812.

Nawwar, M.A.M.; Hussein, S.A.M. e Merfort, I. (1994a). Fenólicos da folha de Punica granatum. Phytochem, 37:1175-1177.

Nawwar, M.A.M.; Hussein, S.A.M. e Merfort, I. (1994b). NMR Spectral analysis of polyphenols from Punica granatum. Phytochem, 36:793-798.

Negi, P.S. e Jayaprakasha, G.K. (2003). Actividades antioxidantes e antibacterianas de extractos de cascas de *Punica granatum*. JFS -Food Microbiol. Safety. 68(4):1473-1477.

Neurath, A. R.; Strick, N.; Li, Y. e Debnath, A. K. (2004). O sumo *de Punica granatum* (romã) fornece um inibidor da entrada do VIH-1 e um candidato a microbicida tópico. BMC Infect. Dis., 4: 41.

Neurath, A. R.; Strick, N.; Li, Y. e Debnath, A. K. (2005). O sumo *de Punica granatum* (romã) fornece um inibidor da entrada do VIH-1 e um candidato a microbicida tópico. Ann. New York Acad. Sci., 1056:311-327.

Newman, R.A.; Lansky, E.P. e Block, M.L. (2007). Pomegranate: A fruta mais medicinal, primeira Ed. Roberta W. Waddell, EUA. 128.

Noda, Y.; Kaneyuka, T.; Mori, A. e Packer, L. (2002). Actividades antioxidantes do extrato do fruto da romã e das suas antocianidinas: delfinidina, cianidina e pelargonidina, J. Agric. Food Chem, 50(1):166-71.

Okwu, D.C. (2005). Conteúdo fitoquímico, vitamínico e mineral de duas plantas medicinais nigerianas. Int. J. Molecular Med. Adv. Sci., 1:372-381.

Okwu, D.C. e Okwu, M.E. (2004). Composição química de *Spondias mombin* Linn. Apartes de plantas. J. Sustian. Agric. Environ., 6:30-34.

Omoregie, E.H.; Folashade, K.O.; Ibrahim, I.; Nkiruka, O.P.; Sabo, A.M.; Koma; O.S. e Ibumeh, O.J. (2010). Análise fitoquímica e atividade antimicrobiana de *Punica granatum* L. (casca do fruto e folhas). New York Sci., 3(12):91-98.

Orgil, O.; Schwartz, E.; Baruch, L.; Matityahu , I.; Mahajna, J. e Amir, R. (2014). O potencial antioxidante e anti-proliferativo dos órgãos não comestíveis do fruto e da árvore da romã, LWT - Food Sci. Technol., 58(2):571-577.

Ozgen, M.; Durgac, C.; Serc, S. e Kaya, C. (2008). Propriedades químicas e antioxidantes de cultivares de romã cultivadas na região mediterrânica da Turquia. Food Chem, 111:7703-7706.

Paller, C.J.; Ye, X.; Wozniak, P.J.; Gillespie, B.K.; Sieber, P.R.; Greengold, R.H. Stockton, B.R.; Hertzman, B.L.; Efros, M.D.; Roper, R.P.; Liker, H.R. e Carducci, M.A. (2013). Um estudo randomizado de fase II de extrato de romã para homens com aumento de PSA após terapia inicial para câncer de próstata localizado. Prostate Cancer Prostatic Dis., 16(1):50-55.

Pande, G. e Akoh, C.C. (2009). Capacidade antioxidante e caraterização lipídica de seis cultivares de romã cultivadas na Geórgia. J. Agric. Food Chem., 57:9427-9436.

Patil, A.V. e Karade, A.R. (1996). Em T.K. Bose e S.K. Mitra (Eds.), Fruits: Tropical and subtropical Calcutta, India: Naya Prakash, pp. 252-279.

Polunin, O. e Huxley, A. (1987). Pomegranate. In: Flowers of the Mediterranean. Hogarth Press, pp. 54-57.

Prakash, C.V.S. e Prakash, I. (2011). Constituintes químicos bioactivos do sumo, semente e casca de romã (*Punica granatum*) - uma revisão. Int. J. Res. Chem. Environ., 1(1):1-18.

Prior, R.L. (2004). Absorção e metabolismo das antocianinas: potenciais efeitos na saúde. In: Meskin, M., Bidlack, W.R., Davies, A.J., Lewis, D.S., Randolph, R.K. (Eds.), Phytochemicals: mechanisms of action. CRC Press, Boca Raton, FL, p. 1.

Pullancheri, D.; Vaidyanathan, G. e Gayathree, N. (2013). Análises qualitativas e quantitativas de vitaminas e flavonóides solúveis em água em sumo de arilo de romã, pele e sumo de fruta comercialmente disponível utilizando o ACQUITY UPLC H- Class com detetor PDA. Waters the science of whats possible, 1-7.

Qasim, F.K.; Qadir, F.A. e Karim, K.J. (2013). Efeitos do óleo de semente de romã e do tamoxifeno em mulheres com cancro da mama por mastectomia. Iosr J. Pharm., 3(3):44-51.

Qnais, E.Y.; Elokda, A.S.; Abu Ghalyun, Y.Y. e Abdulla F.A. (2007). Atividade antidiarreica do extrato aquoso de cascas de Punica granatum (romã), Pharm. Biol., 45(9):715-720.

Qusti, S.Y.; Abo-khatwa, A.N. e Bin Lahwa, M.A., (2010). Rastreio da atividade antioxidante e do teor fenólico de produtos alimentares selecionados citados no Alcorão sagrado. Eur. J. Biol. Sci., 2(1):40-51.

Radhika, S.; Smila, K.H. e Muthezhilan, R. (2011). Atividade antidiabética e hipolipidêmica de Punica granatum Linn em ratos induzidos por aloxana. World J. Med. Sci., 6(4):178-182.

Radunic', M.; Spika, M.J.; Ban, S.G.; Gadze, J.; Diaz-Perez, J.C. e MacLean, D. (2015). Propriedades físicas e químicas de acessos de frutos de romã da Croácia. Food Chem, 177: 53-60.

Rajan, S.; Mahalakshmi, S.; Deepa, V.M.; Sathya, K.; Shajitha, S. e Thirunalasundari, T. (2011). Antioxidante e potencial dos extractos da casca do fruto de Punica granatum. Int. J. Pharm. Pharm. Sci., 3(3):82-88.

Ramadan, A.; El-Badrawy, S.; Abd-el-Ghany, M. e Nagib, R. (2009). Utilização de extractos hidroalcoólicos de casca e sumo de romã como antioxidantes naturais no óleo de semente de algodão. Os 5th Arab e 2nd Int. Ann. Sci. Conference, Egito, 8-9.

Reddy, M.K.; Gupta, S.K.; Jacob, M.R.; Khan, S.I. e Ferreira, D. (2007). Actividades antioxidante, antimalárica e antimicrobiana de fracções ricas em taninos, elagitaninos e ácidos fenólicos de Punica granatum L. Planta Med., 73(5):461- 467.

Ricci, D.; Giamperi, L.; Bucchini, A. e Fraternale, D. (2006). Antioxidant activity of Punica granatum fruits. Fitoterapia, 77:310-312.

Rosenblat, M.; Hayek, T. e Aviram, M. (2006). Efeitos anti-oxidativos do consumo de sumo de romã (PJ) por pacientes diabéticos no soro e nos macrófagos. Atherosclerosis, 187:363-371.

Ross, I. (2003). Medicinal plants of the world. 1st ed. Humana Press Inc. Totowa: New Jersey. P. 494.

Rosier, M.F. (2006). Canal T e biossíntese de esteróides: In search of a link with mitochondria. Cell calcium, 40:155-164.

Sangeetha, R. e Jayaprakash, A. (2015). Triagem fitoquímica de *Punica granatum* Linn. Extractos de casca. J. Acad. Indus. Res., 4(5):160-162.

Saxena, A. e Vikram, N.K. (2004). Papel de plantas indianas selecionadas na gestão da diabetes tipo 2: uma revisão. J. Altern. Complement Med., 10:369-378.

Schubert, S.Y.; Lansky, E.P. e Neeman I. (1999). Propriedades antioxidantes e de inibição de enzimas eicosanóides dos flavonóides do óleo de semente de romã e do sumo fermentado. J. Ethnopharmacol, 66:11-17.

Seeram, N.P.; Aronson, W.J.; Zhang, Y.; Henning, S.M.; Moro, A.; Lee, R.P.; Sartippour, M.; Harris, D.M.; Rettig, M.; Suchard, M.A.; Pantuck, A.J.; Belldegrun, A. e Heber, D. (2007). Os metabolitos derivados do elagitanino da romã inibem o crescimento do cancro da próstata e localizam-se na glândula prostática do rato. J. Agric. Food Chem, 55:7732-7737.

Seeram, N.P.; Zhang, Y.; Reed, J.D.; Krueger, C.G. e Vaya, J. (2006). Fitoquímicos da romã. In: Pomegranates: ancient roots to modern medicine. (editado por Seeram, N.P.; Schulman, R. e Heber, D.). PP. 3-29. Nova Iorque, EUA: Taylor and Francis Group.

Sharma, R., e Arya, V. (2011). Uma revisão sobre frutos com potencial anti-diabético. J. Chem. Pharm. Res., 3(2):204-212.

Silvia, E.M.; Solange, I.M.; Martinez-Avila, G.; Montanez-Saenz, J.; Aguilar, C.N. e Teixeira, J.A. (2011). Compostos fenólicos bioactivos: Produção e extração por fermentação em estado sólido. Uma revisão. Biotechnol. Adv., 29:365-373.

Singh, R.P.; Jayaprakasha, G.K. e Sakariah, K.K. (2001). Um processo para a extração de antioxidantes de cascas de romã. Apresentado para a patente indiana n.º 392/De/01, 29 de março de 2001.

Singh, R.P.; Chidambara, M.K.N. e GK J. (2002). Estudos sobre a atividade antioxidante dos extractos de casca e de sementes de romã (*Punica granatum*) utilizando modelos in vitro. J Agric Food Chem, 50, 81-6.

Soobrattee, M.A.; Neergheena, V.S.; Luximon-Rammaa, A.; Aruomab, , O.I. e Bahoruna, T. (2005). Os fenólicos como potenciais agentes terapêuticos antioxidantes: Mechanism and actions. Mutat. Res., 579(1-2):200-213.

Stewart, G.S.; Jassim, S.A.; Denyer, S.P.; Newby, P.; Linley, K. e Dhir, V.K. (1998). Deteção específica e sensível de agentes patogénicos bacterianos no espaço de 4 horas utilizando a amplificação de bacteriófagos. J. Appl. Microbiol, 84:777-783.

Su, X.; Sangster, M.Y. e D'Souza, D.H. (2010). Efeitos *in vitro* do sumo de romã e dos polifenóis de romã em substitutos virais de origem alimentar. Foodborne Pathog. Dis., 7(12):1473-1479.

Su, X.; Sangster, M.Y. e D'Souza, D.H. (2011). Efeitos dependentes do tempo do sumo de romã e dos polifenóis de romã na redução de vírus de origem alimentar. Food borne Pathog. Dis., 8(11):1177-1183.

Sumathi, E. e Janarthanam, B. (2015). Composição fitoquímica, teor de taninos, ensaio DPPH e atividade antimicrobiana de extractos de casca de *Punica granatum*. L. World J. Pharm. Res., 4(11): 1895-1908.

Tanaka, T.; Nonaka, G.I. e Nishioka, I. (1985). Punicafolin, e ellagitannin das folhas de Punica granatum. Phytochem, 24: 2075-2078.

Tanaka, T.; Nonaka, G.I. e Nishioka, I. (1986). Taninos e compostos relacionados. XL. Revisão das estruturas de punicalin e punicalagin, e isolamento e caraterização de 2-Galloylpunicalin da casca de Punica granatum L. Chem. Pharm. Bull, 34:650-655.

Tehranifar, A.; Zarei, M.; Esfandiyari, B. e Nemati, Z. (2010). Propriedades físico-químicas e actividades antioxidantes do ruit de romã (Punica granatum) de diferentes cultivares cultivadas no Irão. Hort. Hort. Environ. Biotechnol, 51(6):573-579.

Tiwari, P.; Kumar, B.; Kaur, M.; Kaur, G. e Kaur, H. (2011). Triagem e extração fitoquímica. Uma revisão. Intr. Pharm. Sci., 1(1):98-106.

Toklu, H.Z.; Dumlu, M.U.; Sehirli, O.; Ercan, F.; Gedik, N.; Gokmen, V. e Sener, G. (2007). O extrato de casca de romã previne a fibrose hepática em ratos com obstrução biliar. J. Pharm. Pharmacol, 59(9):1287-1295.

Toklu, H.Z.; §ehirli, O.; Ozyurt, H.; Mayada **gli, A. A.;** Ek§ioglu-Demiralp, E.; £etinel, S. **e §ener, G. (2009).** O extrato da casca de Punica granatum protege contra a radiação ionizante - Enterite induzida e apoptose de leucócitos em ratos. J. Radiat. Res., 50(4):345-353.

Topallar, H.; Bayrak, Y. e Iscan, M.J. (1997). Um estudo cinético da autoxidação do óleo de semente de girassol. J. Am. Oil Chem. Soc., 74:1323-1327.

Tzulker, R.; Glazer, I.; Bar-Ilan, I.; Holland, D.; Aviram, M. e Amir, R. (2007). Atividade antioxidante, teor de polifenóis e compostos relacionados em diferentes sumos de fruta e homogenatos preparados a partir de 29 acessos diferentes de romã. J. Agric. Food Chem., 55:9559-9570.

Ullah, N.; Ali, J.; Khan, F. A.; Khurram, M.; Hussain, A.; Rahman, I.; Rahman, Z. e Ullah, S. (2012). Composição aproximada, teor de minerais, avaliação da atividade antibacteriana e antifúngica do pó de cascas de romã (Punica granatum L.). Middle-East J. Sci. Res., 11(3):396-401.

Varadarajan, P.; Rathinaswamy, G. e Asirvatahm, D. (2008). Propriedades antimicrobianas e constituintes fitoquímicos de Rhoeo discolor. Etnobotânico. Folheto, 12:841-845.

Velioglu, Y.S.; Mazza, G.; Gao, L. e Oomah, B.D. (1998). Antioxidant activity and total phenolics in selected fruits,vegetables and grain products. J. Agric. Food Chem., 46:4113-4117.

Viuda-Martos, M.; Fernandez-Loaez, J. e Perez-alvarez, J.A. (2010). A romã e os seus muitos componentes funcionais relacionados com a saúde humana: Uma revisão. Compre. Rev. Food Sci. Food Safety, 9(6):635-654.

Viuda-Martos, M.; Ruiz-Navajas, Y.; Martin-Sanchez, A.; Sanchez-Zapata, E.; Fernandez-Lopez, J.; Sendra, E.; Sayas-Barbera, E.; Navarro, C. e Perez-Alvarez, J.A. (2012). Propriedades químicas, físico-químicas e funcionais do co-produto em pó de bagaço de romã (Punica granatum L.). J. Food Eng., 110:220-224.

Voravuthikunchai, S.; Lortheeranuwat, A.; Jeeju, W.; Sririrak, T.; Phongpaichit, S. e Supawita, T. (2004). Plantas medicinais eficazes contra Escherichia coli O157:H7 enterohemorrágica. J. Ethnopharmacol, 94:49-54.

Watson, L. e Dallwitz, M.J. (1992). The families of flowering plants: descriptions, illustrations, identification, and information retrieval. Austral. Syst. Bot., 4(4)681695.

Zhang, J.; Zhan, B.; Yao, X. e Song, J. (1995). Atividade antiviral do tanino do pericarpo de Punica granatum L. contra o vírus do herpes genital in vitro. Zhongguo Zhongyao Zazhi = China J. Chin. Mate. Med., 20(9):556-576.

Zhao, X.; Yuan, Z.; Fang, Y.; Yin, Y. e Feng, L. (2014). Flavonóis e flavonas mudam na casca da fruta da romã (*Punica granatum* L.) durante o desenvolvimento da fruta. J. Agric. Sci. Tech., 16: 1649-1659.

Zhou, K. e Yu, L. (2004). Efeitos do solvente de extração na estimativa da atividade antioxidante do farelo de trigo. LWT- Food. Sci Technol., 37:717-721.

الملخص العربى

دراسات بيوكيميائية على عصائر أوراق و قشور الرمان

إستخدمت ثمار الرمان على نطاق واسع فى العديد من الثقافات والدول المختلفة لآلاف السنين. وقد اكتسبت فاكهة الرمان قدرا كبيرا من الشعبية على مدى سنوات. وعادة ارتبطت ثمار الرمان بتحسين صحة القلب والعديد من الوظائف الاخرى بما فى ذلك الحماية ضد سرطان البروستاتا وتباطؤ فقدان الغضروف فى المفاصل.

فى هذه الدراسة تم جمع أوراق وقشور الرمان من نوع الواندرفل يدويا وتم ضغطها ميكانيكياً للحصول على العصير الخام. تم التعرف على التركيب الكيميائى العام والمركبات الكيميائية والمركبات عديدة الفينولات والفلافونيدات والتانينات والأنثوسيانينات التى توجد فى هذه العصائر كما تم أستخدام جهاز التحليل الكروماتوجرافى السائلى HPLC للتعرف وصفيا وكميا على المركبات الفينولية التى توجد فى عصائر أوراق وقشور الرمان. تم تقييم النشاط المضاد للاكسدة للعصائر الخام للاوراق والقشور على زيت عباد الشمس عن طريق ثلاث طرق وهى 2,2-ثنائى الفينايل-1-بيكرايل-هيدرازيل (DPPH) وقوة الاختزال وتعيين فترة الإعداد من خلال جهاز الرانسيمات.

يمكن تلخيص النتائج المتحصل عليها فيما يلى:

1. أشار التركيب الكيميائى العام إلى أن العصير الخام لقشور الرمان يحتوى على كمية كبيرة من البروتينات الخام والكربوهيدرات الكلية الذائبة بمقدار 1,42 و 2,5 ضعف الموجود فى العصير الخام للأوراق على التوالى. ومن الجدير بالذكر أن العصير الخام للأوراق كان خاليا من الألياف الخام. ومع ذلك فإن الالياف الخام وجدت بنسبة بسيطة فى العصير الخام للقشور (10%>). وتشير البيانات الحالية أن العصير الخام للقشور يمكن إستخدامه كمصدر للالياف الخام والكربوهيدرات الكلية.

2. أشارت تحاليل الفحص الكيميائى إلى أن العصير الخام لقشور الرمان يحتوى على كربوهيدرات وسكرات مختزلـة ومركبـات فينولية كمكونـات رئيسـية (10 %>). كمـا ظهـرت البروتينـات والاحمـاض الامينـة والتانينات والفلافونيدات فى العصير الخام لقشر الرمان بكميات قليلة (10 % - 1 %>). فى حين أن الجليكوسيدات والقلويدات و الصابونينات والاستيرولات وجدت بمقدار ضئيل (1 %>). ومن المثير للإهتمـام أن نلاحظ أن العصير الخام لقشور الرمان من صنف الواندرفول يحتوى على كميات عالية من الكربوهيدرات والبروتينات والفينولات والتانينات عنه فى العصير الخام للورق. ومن ناحية أخرى، فإن أجزاء الرمان النباتية (القشور والاوراق) تحتوى على كميات متساوية تقريبا من الجليكوسيدات والاحماض الامينية والقلويدات والاستيرولات والزيوت الثابتـة وكانت كمية الصـابونينات فى العصير الخام للأوراق أعلى منه فى العصير الخام للقشور.

3. أشارت النتائج أيضا إلى أن المركبات الفينولية والفلافونيدات فى العصير الخام للقشور أعلى من التى توجد فى العصير الخام للورق بحوالى 1,22 و 1,43 مرة على التوالى.

4. أشارت النتائج إلى أن التانينات والأنثوسيانينات فى العصير الخام للقشور أعلى من التى توجد فى العصير الخام للورق بحوالى 1,16 و 1,29 مرة على التوالى.

5. أستخدم جهاز التحليل الكروماتوجرافى السائلى HPLC للتعرف على المركبات الفينولية التى توجد فى عصائر أوراق وقشور الرمان حيث وجد 12 و 6 مركبات فينولية فى عصير قشر وورق الرمان على التوالى. وتبين أن حوالى 50 ٪ من هذه المركبات تم تقديرها كمياً حيث وجد أن المركبات الاساسية التى وجدت فى عصائر قشر وورق الرمان هى حمض الجاليك – حمض البروتوكاتيشويك و حمض الجاليك – 3-هيدروكسى تيروزول على التوالى.

6. أظهر العصير الخام لقشر الرمان نشاط مضاد للاكسدة أقوى منه فى العصير الخام لورق الرمان حوالى 6,59 مرة بطريقة 2,2-ثنائى الفينايل-1-بيكرايل-هيدرازيل (DPPH) كما تبين أن له قوة إختزال عالية عنه فى العصير الخام للورق. وأوضحت نتائج التأثير المضاد للأكسدة لعصائر أوراق وقشور الرمان والمقدرة بواسطة جهاز الرانسيمات أن كلا من العصير الخام لقشور وأوراق الرمان والمضاف بتركيزات مختلفة قد أظهر تأثير مضاد للأكسدة على ثبات زيت عباد الشمس.

7. اظهر التحليل الاحصائى ان هناك علاقة طردية بين المحتوى من المركبات عديدة الفينولات و النشاط المضاد للاكسدة للعصائر الخام للرمان.

8. دلت النتائج الحالية على استخدام العصائر الخام للرمان كمضادات أكسدة طبيعية لأنها رخيصة الثمن ولا تسبب أى تأثير ضار على صحة الانسان كما أن لها فعل مضاد للأكسدة قوى مقارنة بمضاد الاكسدة المخلق والمعروف ب بيوتيليتد هيدروكسى تولوين (BHT) .

وتوصى الدراسة بصفة خاصة على استخدام عصير قشر الرمان الخام فى مجالات متعددة لخدمة صحة الانسان.

اسم الطالب: ليلى سعيد محمد توفيق	الدرجة: ماجستير

عنوان الرسالة: دراسات بيوكيميائية على عصائر اوراق و قشور الرمان

المشرفون: دكتور: رضوان صدقى فرج

دكتور: محمد سعد عبد اللطيف

قسم: الكيمياء الحيوية	**تاريخ منح الدرجة:** / /2016

المستخلص العربى

تم ضغط أوراق وقشور الرمان من صنف الواندرفل ميكانيكياً للحصول على العصير الخام. تم التعرف على التركيب الكيميائى العام والمركبات الكيميائية والمركبات عديدة الفينولات والفلافونيدات والتانينات والأنثوسيانينات التى توجد فى هذه العصائر كما تم أستخدام جهاز التحليل الكروماتوجرافى السائلى HPLC للتعرف وصفيا وكميا على المركبات الفينولية التى توجد فى عصائر أوراق وقشور الرمان. تم تقييم النشاط المضاد للاكسدة للعصائر الخام للاوراق والقشور على زيت عباد الشمس عن طريق ثلاث طرق وهى 2,2- ثنائى الفينايل-1-بيكرايل-هيدرازيل (DPPH) وقوة الاختزال وتعيين فترة الإعداد من خلال جهاز الرانسيمات. وأشارت النتائج إلى أن العصير الخام للقشور يحتوى على كمية عالية من البروتين الخام والكربوهيدرات الكلية الذائبة حوالى 1,42 و 2,5 مرة اكثر من الموجودة فى العصير الخام للأوراق كما أن المركبات الفينولية والفلافونيدات والتانينات والأنثوسيانينات فى العصير الخام للقشور أعلى بشكل ملحوظ من التى توجد فى العصير الخام للأوراق. كذلك أستخدم جهاز HPLC للتعرف على المركبات الفينولية التى توجد فى عصائر أوراق وقشور الرمان حيث وجد 12 و 6 مركبات فينولية فى عصير قشر وورق الرمان على التوالى. ووجد أن المركبات الاساسية التى وجدت فى عصائر قشر وورق الرمان هى حمض الجاليك – حمض البروتوكاتيشويك و حمض الجاليك – 3-هيدروكسى تيروزول على التوالى. كما أظهر العصير الخام لقشر الرمان نشاط مضاد للاكسدة أقوى منه فى العصير الخام لورق الرمان حوالى 6,59 مرة. كما اظهر التحليل الاحصائى ان هناك علاقة طردية بين المحتوى من المركبات عديدة الفينولات والنشاط المضاد للاكسدة للعصائر الخام للرمان. وأكدت النتائج الحالية على استخدام العصائر الخام للرمان كمضادات أكسدة طبيعية لأنها رخيصة الثمن ولا تسبب أى تأثير ضار على صحة الانسان كما أن فعل مضاد للأكسدة قوى مقارنة بمضاد الاكسدة المخلق والمعروف بـ BHT.

الكلمات الدالة: العصائر الخام لأوراق وقشور الرمان، التركيب الكيميائى العام، تحاليل الفحص الكيميائى النباتى، البوليفينولات، الفلافويدات، جهاز الـ HPLC، ثبات زيت عباد الشمس، جهاز الرانسيمات.

www.ingramcontent.com/pod-product-compliance
Ingram Content Group UK Ltd.
Pitfield, Milton Keynes, MK11 3LW, UK
UKHW041936131224
452403UK00001B/175

9 786203 616811